露西·霍金　史蒂芬·霍金　克里斯托弗·加尔法德／著
加里·帕森斯／插图　杜欣欣／译
湖南科学技术出版社

GEORGE'S SECRET KEY TO THE UNIVERSE
A DOUBLEDAY BOOK 978 0 385 61181 7 (Cased)
978 0 385 61270 8 (Trade paperback)

Published in Great Britain by Doubleday,
an imprint of Random House Children's Books.
A Random House Group Company.

This edition published 2007

1 3 5 7 9 10 8 6 4 2

Set in 13.5pt Stempel Garamond

RANDOM HOUSE CHILDREN'S BOOKS
61–63 Uxbridge Road, London W5 5SA

www.**kidsatrandomhouse**.co.uk

Addresses for companies within The Random House Group Limited can be found at:
www.**randomhouse**.co.uk/offices.htm

THE RANDOM HOUSE GROUP Limited Reg. No. 954009

A CIP catalogue record for this book is available from the British Library.

Printed and bound in
Great Britain by Clays Ltd, St Ives plc

Lucy & Stephen
HAWKING
with Christophe Galfard

Illustrated by Garry Parsons

DOUBLEDAY

译者序

2006年夏天,我应霍金教授的要求,在北京接待陪同他。当时他告诉我,他正在撰写两部书,其中一部就是和他女儿露西等人合作的《乔治的宇宙·秘密钥匙》。一年后的秋天,我收到了这部手稿,开始翻译。

为孩子写书,著作者必须具有一颗童心。童心中最宝贵的一部分便是好奇心,而霍金教授就是一个具有强烈好奇心的人。记得三年前的冬天,我从美国前往英国剑桥。当天下午,还来不及洗去旅途的风尘,我就赶到大学的数学科学中心。在那里,我先见到霍金教授的私人助理朱迪思。朱迪思告诉我,霍金教授渴望见到我,我当然更渴望见到他。我想,他和我都出于某种好奇心。

当我走进霍金教授的办公室,他正坐在书桌之后的轮椅上。在东方文化传统中,科学家或学者大多被描写成一副皓首穷经的模样,而眼前的教授看起来却极像一个孩子。他手握着特制的鼠标,点按移动。5分钟之后,扬声器在我脑后突然说道:"我非常高兴见到你。"虽然扬声器说出的话,语速平稳几无起伏,毫无情感,但他的笑容如孩子般的灿烂天真。

当我翻译到书里科学研讨会一节时,不由想起霍金教授办公室里的有趣事物。他和其他科学家为某个科学结论打赌的证书;他黑板上涂写的数学公式,两只小怪物在数学公式中对话,那些对话类似外星人模仿人类语言。这幅漫画已有近三十年历史了。那是在一次超引力研讨会上,捷克物理学家马丁·罗切克的信手涂鸦。后来这涂鸦被印在会议文集的封面上。我接触的许多西方科学家都是一些很好玩儿的人,他们一直到老都保持强烈的好奇心,而且兴趣非常广泛。好玩儿的人才能写出好玩儿的书。

这部童书描述了一个普通少年如何开始对科学感兴趣,并成长为科学家的故事。少年乔治出生于一个环保人士的家庭,其父母为了保护地球环境而拒绝使用任何现代技术产品。在学校里,乔治因个性内向,衣着用品过时,非但不受同学喜爱,还经常受到欺负。我想许多具有科学好奇心的人,童年都经历过类似的困扰。但乔治对科学的痴迷以及从科学中得到的乐趣,不但补偿了因不良学生欺辱引起的不快,而且能够战胜人性的阴暗面。

因为要到邻居家找回自己的猪,乔治很偶然地遇到宇宙学家埃里克。乔治和埃里克的女儿安妮,在超级电脑 Cosmos 的协助下,得以畅游太空。

他们曾经一起搭乘彗星造访木星、土星……并在小行星暴中遇险。在见过宇宙奇观之后，乔治意识到自己过去只在后院和猪混日子是多么的乏味。此处作者引证了著名的爱尔兰作家奥斯卡·王尔德的话:“我们都在深沟中,但其中的一些人却在仰望星空。”我想,这句话虽然是为个人写的,但也适用于一个民族。

作者还借助此书表达了对科学家的道德诉求：科学只能被用来谋取人类的福祉,绝不能用于相反的目的。书中,除了埃里克,还有一个雷帕博士,其人就是用科学谋求个人利益,损害他人。书中最惊心动魄的一幕就是埃里克中了雷帕的诡计,被一个黑洞吃掉。幸运的是,埃里克已经研究出从黑洞中逃逸的理论。乔治、安妮以及安妮的母亲在地球上历经艰难险阻，找回被窃的Cosmos,而Cosmos则以埃里克理论为依据,从太空中收集并恢复落入黑洞的物体的信息,用此信息重构埃里克,埃里克得以脱险。

此处作者显然以埃里克自况。实际上,童书中提到的一些著作正是霍金本人写的,而Cosmos也是他目前在剑桥从事研究的电脑,当然它还没有书中那么神奇。逃逸黑洞的场景也感性地表述了霍金关于黑洞信息的最新看法。

乔治以自己的太空探险的经历为主题,在一次校际的科学比赛中赢得头奖。乔治在讲演中提出,我们要开启宇宙,实际上不需要实体的钥匙,但需要一个非实体的钥匙——物理学。乔治的成功象征着正义战胜邪恶,科学战胜蒙昧。

本书的语言充满了童趣。电脑Cosmos好耍小孩脾气,喜欢听表扬,但受到赞美时又会脸发红光。被人责备时,会沮丧地说:“我要崩溃了。”Cosmos在解救埃里克时,几乎耗尽了心血。此书中并未赋予Cosmos性别,虽然他会对安妮更好一些,但却没有麻烦的男女之情。安妮和所有的小女孩一样,喜欢浪漫的幻想,又不免将幻想和真实世界混淆,由此引起一些尴尬,因此这个形象更为真实可爱。乔治并非神童,他的成长使我们看到,普通家庭的每一个孩子都可能成为科学家。

当我校对完最后一页时,窗外雪花漫天,又是一年过去了。屈指一算,霍金教授困在轮椅上已经四十多年了。他的生命之火依然燃烧着。我想,这旺盛的生命之火来自于对宇宙的强烈好奇心。

本书的翻译过程中得到责任编辑孙桂均女士的许多帮助。此译者序正是应她的建议而写成的。在此致谢。

杜欣欣

2007年岁末

“天很黑了,”他说道,一面窥视窗外,“乔治,你的父母知道你在这里吗?”他从厨房柜台上拿起电话,“让我给他们打个电话,免得他们挂念。”

“嗯……”乔治尴尬地说。

“号码是多少?”埃里克问,并从眼镜上看着他,“或许打手机更容易找到他们。”

“呃,他们……他们没有电话。”乔治很快地说,看来他已不能避开这问题了。

“为什么没有呢?”安妮问道,她想到有人竟然连一个手机都没有,惊奇地睁圆了蓝眼睛。

乔治有点局促不安;安妮和埃里克都好奇地望着他,使他觉得必须做些解释。“他们认为技术会征服世界,”他讲得飞快,“而我们应该尽量生活在不使用科技的环境中。他们认为人类——由于科学和它的发现——正用现代发明来污染这颗行星。”

“真的吗?”埃里克的眼睛在厚镜片后面闪烁着,“多么有趣。”这时,他手里的电话彩铃叮当作响。

“给我好吗,给我好吗?求求你?”安妮说,从他那里抢过电话听筒。“妈妈!”随着快乐的尖叫,亮丽的服装在跳动着,安妮将话筒夹在耳朵上,冲出厨房。“妈妈,你猜!”她噼噼啪啪地沿着大厅走廊跑去,刺耳的声音响彻四周。“一个陌生男孩在这里……”

由于难为情,乔治的脸涨得通红。

“而且他有一头猪!”安妮的声音很清晰地传回厨房。

埃里克盯了乔治一眼,用脚将门轻轻关上。

“他从未喝过利宾纳!”透过关上的房门,乔治仍然可以听到她高昂而动听的声音。

埃里克转向水龙头,为乔治接杯水。

“而且他父母甚至从未装过电话!”现在安妮的声音低了下去,但

目录

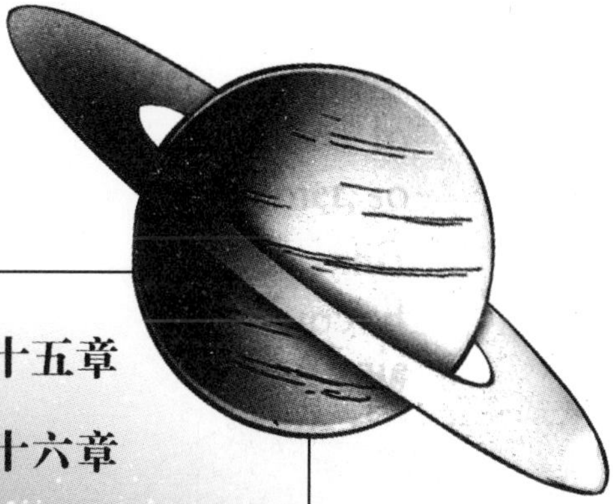

献给亲爱的威廉和乔治

第一章

乔治站在猪圈前，凝视着围栏，那里面显然空无一物。他思忖道，猪不会在片刻之前就消失得毫无踪影吧？他眨了眨眼睛，确信那是否都是某种可怕的视觉幻影。当他再次仔细地看去，那头猪依然不在。它那肥大的，沾满泥巴的，粉红色的身体不知到何处去了。事实上，当乔治再次审视的时候，情况非但没变好，反而更糟了。他注意到，猪圈的边门随意敞开着，这说明有人没把门关好，而这个人多半正是他自己。

“乔吉！（乔治的昵称）”他听到妈妈在厨房里呼唤他。“我很快就要开饭了，你只有一个小时了，功课做完了吗？”

“妈，做完了。”他假装高兴地回答。

“你的猪好吗？”

“它很好！很好！”乔治急速地尖声回答。他试着发出几声猪的哼哼声，让人听起来，似乎这小巧的后花园里一切正常：那里种满了许许多多的蔬菜，还有一头硕大的——然而现在已经神秘地失踪了的——猪。为了使他妈妈满意，他又发出几声猪的哼哼声——对乔治来说，在妈妈来到花园之前，最要紧的是赶紧订个计划。虽然他此刻真是束手无策，不知怎样才能在晚饭之前找回那头猪，把它赶进猪圈，再关上门。但他正竭尽全力，他需要做的最后一件事是，在他父亲或母亲见到他之前，将所有的事情搞定。

乔治知道，他的父母并不那么喜欢那头猪。他们也从未打算在后花园里养猪。尤其是他父亲，当他想起什么东西在菜地外栖居，就恨得咬牙切齿。这头猪是一个礼物。几年前，在一个寒冷的圣诞节的前夜，有人把一个硬纸板盒子送到他们的门前，盒里发出吱吱哼哼的声音。乔治将它打开时，发现里面有一只气呼呼的粉色猪仔。乔治小心翼翼地将它托出纸盒。当他的这位新朋友甩开小蹄，绕着圣诞树滑行时，乔治满心欢喜地观赏着。盒子上还黏着一张便条，上面写道：祝大家圣诞快乐！这小家伙需要一个家——你能给它一个吗？热爱你们的祖母×××。

这个家庭的新成员并没有给乔治的父亲带来喜悦。他是一个素食者，但并不因此就表明他喜爱动物。实际上，他更喜爱植物。对付植物要容易得多：它们不会在厨房地板上留下带泥的脚印，弄得脏乱不堪，或者窜进来把桌上剩下的饼干吃个精光。但乔治因拥有自己的猪而激动。那一年，也和往年一样，他父母送给他的礼物相当乏味。他妈妈送的是家织带橘色条纹的紫色套头毛衣，毛衣的袖头可以一直拖到地板上；他从来不需要一组牧神笙，而他打开饲养蚯蚓的盒子时毫无热情。

在此宇宙中，乔治最想得到的是一台电脑。但他知道，自己的父母亲几乎不可能给他买。他们不喜欢任何现代发明，尽量不使用标准的家用物件。他们要过

更纯粹更简单的生活。他们手洗衣服，没有汽车，为了避开电力，而用蜡烛照明。

这一切都是刻意让乔治有个自然的更好的成长环境，让他远离毒品、添加剂、放射线以及诸如此类的邪恶东西。但唯一的问题是，在摆脱了所有可能对乔治有害东西的同时，他的父母也剥夺了许多能给他带来快乐的东西。乔治的父母也许对围绕着五月柱跳舞，参加环保游行或者磨麦自制面包乐此不疲，但乔治对此却全无兴趣。他要去游乐场乘云霄飞车，玩电脑游戏，或乘飞机飞到很远很远的某个地方去。而现在，他仅有的只是这头猪。

它也是一头很不错的猪。乔治给他取名为弗雷迪。在后花园里，他父亲建了一个猪圈。每天，乔治都在那边流连忘返，度过好几个小时。看着它在麦秸里拱来拱去，寻觅食物，或者在脏东西里抽动鼻子。季节更替，流年变换，乔治的小猪越长越大……越长越大……越长越大，直至在黯淡的光线下，看起来仿佛是一只大象的宝宝。弗雷迪长得越大，就越觉得自己被禁锢在猪圈里。只要逮到机会，它就会逃走，它到小菜园里撒野，践踏胡萝卜缨，大吃小洋白菜，并且咀嚼乔治妈妈的花。尽管妈妈经常对乔治唠叨爱一切生命是多么重要，乔治怀疑，在弗雷迪糟蹋她的花园的日子里，她并没有对他的猪施以多少爱心。和乔治的父亲一样，她也是素食者。当弗雷迪更具有破坏性的远足之后，当妈妈为其收拾残局时，乔治曾清楚地听见她生气地低声嘀咕“香肠”。

然而，在这个特别的日子里，弗雷迪毁坏的并非只是蔬菜。它没在花园里四处野跑，而是闯下更大的祸。突然，乔治发现在自家和隔壁花园之间的围栏上有一个可疑的洞，大约猪身大小。昨天那里肯定还没有这个洞。那时，弗雷迪被安全地关在猪圈中，而今天它却无影无踪。这只能表明——这个弗雷迪，在其探险中，它冲出了后花园的安全防护，去了它绝对不该去的地方。

隔壁是一个神秘的地方。从乔治记事起，那里就没人住。晚上，同一排房子的窗户都闪烁着灯光，人们进出时都砰砰地关门，后院也打理得很整洁，而那间房子却孤独地待在那里，那么悲伤、静谧和黑暗。清早听不到孩子欢快的尖叫，晚上也听不见妈妈在后门呼唤家人回

家吃晚饭的声音。周末时，那里既没有钉锤的敲打声，也没有新油漆的气味，那是因为从未有人修理破损的窗框或清理下垂的檐槽。围栏那一边的花园，由于长年未经打理而林木疯长，直到长成像亚马孙丛林似的。

而乔治这一面的后院整洁有序，但非常枯燥。一行行红花菜豆紧缠着木桩，还有一列列松软的生菜，多泡沫的暗绿色的胡萝卜缨，规整的土豆苗。每次乔治踢球，球都一定会“啪嚓”一声地落在悉心护理的山莓丛中，将它们压扁。

乔治的父母曾经划出一小块儿地，让他种蔬菜，希望培养起他对园艺的兴趣，也许将来还可能成为有机农场主。但乔治宁愿仰头望天，而不愿低头看地。由于他试图计算出天空究竟有多少颗星星，因

夜空

白天时，天空中只有一颗可以看到的恒星。这就是那颗离我们最近的恒星，它对我们日常生活影响最大。我们为它取了一个特别的名字：太阳。

月亮和行星本身都不发光。因为太阳把它们照亮，所以在晚上显得明亮。

在夜空中，所有其他发光的斑点都是恒星，就像我们的太阳。有些较大，有些较小，但它们全是恒星。在晴朗的夜晚，远离城市光源的地方，我们用肉眼即可看到数百颗恒星。

在夜空中，我们可以看到一些不是恒星的天体——月亮和行星，比如金星、火星、木星和土星。

此在这个行星上，属于他的那一小块地只能是光秃秃的、粗糙的，除了石头、灌木丛之外一无所有。

然而，隔壁邻居却完全不同。乔治经常站在猪圈的棚顶上，远远地凝视着围栏之外，那纷乱却美妙的树林。大片的矮树丛搭成隐蔽舒适的小安乐窝，而弯曲多节的树枝更便于小男孩攀爬。野黑莓结丛成长，带刺的分支弯折成奇异的波状圈，并相互交叉犹如火车站的铁轨。夏日里，弯弯曲曲的旋花蔓蜘蛛网似的紧抱着园中所有的植物；地面上处处冒出黄色的蒲公英；巨大的有刺有毒的猪草如同外星物种般地耸现，在疯长的浅绿色的草木之上；细小的蓝色勿忘我花眨着眼睛。

但邻居也是禁区。乔治曾想把它当作另一个游玩场，但他的父母严厉地阻止了这个想法：“不可以。” 这不是他们平时常说的 “不可以”，那是空泛的亲切的，我们不让你这么做是为了你好之类的“不可以”。这是真正的“不可以”，是不由分说，不容你争辩的那种。学校中的其他人都有一台电视，有些孩子的卧室里甚至也有一台。乔治曾试图提议，也许他的父母可以考虑为他买一台，但他遭遇的是同一类的“不可以”。就电视这个话题，乔治不得不聆听父母的长篇解释，比如观看无须动脑的垃圾会污染他的头脑云云。而要想跑到邻居那儿去，父亲根本不须对他说教，只是断然的不许讨价还价的一声“不可以！”

然而，乔治总希望知道为什么。他猜想从父亲那里得不到任何答案，于是就转去问母亲。

“哦，乔治，”她一边叹息，一边将球状的甘蓝和大头菜切成小块拌入糕点粉中。她喜欢用手边的任何东西烤蛋糕，而不用实际上能组合得更加美味的配料。“你的问题太多了。”

“我只想知道为什么我不能到隔壁去？”乔治执意问道，“我保证，如果你告诉我，这一整天，我将不再提其他问题。”

妈妈在印花围裙上抹了抹手，又喝了一口荨麻茶。“好吧，乔治。”她说，“如果你来搅拌松饼，我就给你讲一个故事。”妈妈递过一个巨大的褐色的搅拌碗和木勺。她坐了下来。乔治立即开始搅拌黄色的黏稠的面团，那里面掺和了斑斑点点的绿色白色的蔬菜。

“当初，我们搬到这里时，”妈妈开始讲述，“你还很小，那个房子里住着一位老人。我难得见到他，但他的模样我还记得很清楚。他的胡子是我见过的最长的——一直到膝盖。没人知道他多大年纪了。邻里说，他一直就住在这里。”

“那他后来怎么样了？”乔治问道，他已经忘记自己不问其他问题的承诺了。

“没人知道。”妈妈神秘地低语。

“你是什么意思？”乔治停止了搅拌，再问道。

“只不过是，”妈妈说，“有一天他还在那里，第二天就不见了。”

“他也许去度假了？”乔治说。

“如果他去度假，那么再也不回来了，”妈妈说，“最终，他们搜查了那房子，可没找到他的踪影。此后这房子就一直空着，没人再见过他。”

“天哪！”乔治叹道。

“不久以前，”妈妈吹了一下热茶，继续说，“我们听见邻居有响动——在半夜时砰地响了一声。还有手电光和人声。一些人破门而入，擅自占据了空房——警察必须把他们赶走。刚好上周，我们再次听到响动。不知道那房子里会有什么人。这就是为什么你爸爸不准你去那里。乔吉。”

当乔治看到围栏上的大黑洞，他想起和妈妈以前的交谈。但她说的故事并没能阻止他要去邻居那边的愿望——那里仍然是神秘诱人的。但他也知道，别人不让他去隔壁而自己要去是一回事，发现自己必须去又是另外一回事。那一边突然显得黑暗、阴森，非常恐怖。

乔治处于两难之中。一方面，他想回家，回到那摇曳不定的烛光下，闻着母亲烹调时发出的奇特而熟悉的气味；关上后门，再次安全舒适地待在自己的屋子里。但这就意味着让弗雷迪孤独，也许还可能处于危险的境地。他不能请求父母伸出援手，万一他们确定这是弗雷迪名字上的最后的一个污点，并将它弄成熏火腿片呢？乔治深深地吸了一口气，决定必须采取行动。他必须到隔壁去。

他闭上眼睛，钻进围栏的洞。当他从另一边出来时，睁开眼睛，刚好处于丛林花园的正当中。他头上的树木浓密得几乎看不到天空。夜色渐深，而茂密的树林使之更加阴暗。看来乔治只能在大丛野草里踏出一条路。他沿着这条路走，希望能找到弗雷迪。

他趟过一垄垄高大的野黑莓。黑莓钩住了他的衣裳，划伤他裸露的皮肤。在暮色中，这些黑莓似一只只手，要把刺胡乱地刺入他的手臂和腿部。他脚下是灰暗的糊状的老叶，荨麻用尖锐的带刺的手指攻击他。这一段时间，林中的风在他头上低吟叹息。这些叶子似乎在告诫：“乔吉，小心点儿，小心点儿。”

乔治沿着小路，到达房子正后方的一块空地。直至此时，他还未听到或看到那头顽皮的猪的任何踪影。但是，在后门外残缺的铺路石上，他清晰地看到一组污泥的猪蹄印。从这些踪迹上，乔治可以确知弗雷迪的行踪。他的猪已经通过后门，直入那座废弃的房子。这扇门刚好被推开，让一头肥猪可以挤进去。更糟糕的是，从这座久无人气的房子里还透出一束光线。

有人在家！

第二章

乔治回头看花园中他来时的路。他知道应该回去叫他的父母来。即使他必须向他父亲承认，自己越过了围栏，闯入了邻居的花园。这也比他一个人站在这里更好。他只要从窗户向里窥视，看能否瞥见弗雷迪，然后他就会离开，叫他父亲来。

他斜着身子，靠近空房子发出的明亮的灯光。那是金黄色的，和他自己家里的微弱烛光或学校中的冷调蓝氖灯光截然不同。尽管他害怕得牙齿格格作响，他似乎被那光线拉着向前走去，站在窗户边上。乔治更近地凝视，通过窗框和窗帘之间的窄缝，他恰好可以看到房子的内部。他勉强能看到厨房，那里乱丢着大茶杯和冲泡过的茶叶纸袋。

他看到什么东西突然一动。他眯起眼向厨房的地板上看去，就在那里，他看到了弗雷迪，他的猪！它的长鼻子伸进一个碗里，咕噜咕噜地吸食着，正畅饮着某种神秘的鲜紫色的液体。

乔治毛骨悚然——那是一个可怕的诡计，他恰好看出这一点。“糟啦！”他吼道，“这是毒药。”他猛烈地拍打着窗格上的玻璃，“不要喝，弗雷迪！”他大声地喊叫着。

但弗雷迪是一头贪婪的猪，根本不理会主人的声音。它继续快乐地要把碗里的东西舔个精光。乔治连想都没想就越门而入，走进厨房,从弗雷迪的鼻子下抢过碗,并把碗里的东西倒进水槽里。正当那紫色的液体汩汩地流下排水孔时，他身后传来一声清晰的童音:“你是谁？”

乔治赶快转过身来。一个女孩站在他的身后。她的着装极不寻常。她的衣服是由许多不同颜色和轻薄的纤维层制成的,使她看上去犹如被裹在蝴蝶的双翼之中。

乔治慌乱地语无伦次。她看起来也许有点奇怪——拖着长长的乱成一团的金发,戴着蓝绿色的羽毛头巾,但她绝不可怕。他愤愤不平地问:“你以为你是谁呀？”

“是我首先问的,”女孩说,“无论如何,这是我的房子。我得知道你是谁,但是只要我不愿意,我可以不回答你任何问题。”

“我是乔治。”他鼓起下巴,每当他生气的时候总会这样。他指着弗雷迪说:“那是我的猪。你诱拐了它。”

“我没有诱拐你的猪。”女孩激动地说，“多么愚蠢。我要一头猪干什么？我是一名芭蕾舞演员，在芭蕾中从来没有猪的角色。”

“哼，芭蕾。”乔治以几乎听不见的声音嘟哝着。在他小时候，他父母曾逼他上舞蹈课，他从未忘记对那门课的憎恶。他回嘴道，“不管怎么说，你还不够当芭蕾舞女演员的年纪。你才是个小孩儿。”

“事实上，我在芭蕾舞剧团中。”女孩傲慢地说，“这说明你多么无知。”

“好，如果你已经这么成熟，为什么要毒死我的猪？”乔治步步逼近。

“那不是毒药，”女孩轻蔑地说，“那是利宾纳，是用黑加仑子做的果汁——我以为这是人人都知道的。”

乔治忽然觉得非常丢脸，由于他的父母只让他喝浑浊浅色的自家榨出的果汁，他不知道这种紫色的东西是什么。

“呃，事实上，这不是你的房子，对吗？”他继续说，试图占上风，“它属于一个蓄长胡子的老人，许多年前，他不知去了哪里。”

“这是我的房子，”女孩说道，她的蓝眼睛闪耀着，“除了在舞台上跳舞，我总在这里。”

“那么你的父母呢？”乔治又问。

“我没有父母。”女孩鼓起粉红色的嘴唇，“我是一个孤儿。有人在后台发现了我，那时我被裹在芭蕾舞裙中。芭蕾舞团收养了我。这就是为什么我是一名具有天赋的舞蹈演员。”她骄傲地大声说。

“安妮！”房子里传来一个男人的声音。女孩一动不动地站着。

“安妮！”声音再次响起，而且更近了，“安妮，你在哪里？”

“谁在喊你？”乔治狐疑地问。

“那是，那是……”她突然低下头，不说话了。

“安妮，你在这里！”一个高个子的男人走进厨房，他满头纷乱的黑发，深色镜框斜架在鼻梁上，上面是厚厚的镜片，“你在做什么？”

“噢，”女孩给了他一个灿烂的微笑，“我刚给这头猪喝了利宾纳。”

男人的脸上掠过一丝烦恼。“安妮，”他耐心地说，“我们谈过这个。我们有时间编故事。还有时间……”当他看到站在角落的乔治，声音渐渐地低下去。乔治身边有一头猪，猪的鼻子和嘴周围都是黑加仑子汁液的斑点，使它看起来仿佛正在微笑。

“啊，一头猪，在厨房里……我明白了……”他环视周围，慢慢地说，“对不起，安妮，我以为你又在编故事。喂，你好。”这个人走过来和乔治握手。然后，他小心翼翼地拍了拍猪耳朵，“你好，喂……”似乎就不知道再说什么好了。

“我是乔治，”乔治接上去说，“这是我的猪弗雷迪。”

“你的猪。”这个人重复道。他转向安妮，她耸耸肩膀，似乎在说，我不是早就告诉过你了吗？

“我们住在隔壁，”乔治继续解释道，“但是我的猪穿过围栏的洞逃走了，所以我必须过来把它抓回去。”

“当然！”男人微笑道，“我只是对你怎么进入厨房的感到惊奇。我叫埃里克——我是安妮的爸爸。”他指着金发女孩说。

“安妮的爸爸？”乔治一面诡秘地说道，一面对那女孩微笑。她则鼻子朝向天空，尽量避免和他对视。

“我们是你的新邻居，”埃里克说，他指着厨房四周，剥离的墙纸，发霉的旧茶叶袋，漏水的龙头，以及破损的地面，一一出现在眼前。“这里有些乱。我们刚来不久。这是我们还未碰面的原因。”埃里克皱着眉，拨弄着自己的黑发。“你想喝点什么吗？我猜安妮已经喂了你的猪一些东西了。”

“我愿意喝点利宾纳。”乔治赶快说。

“都喝光了，没剩下的了，”安妮摇摇头说。乔治低下头，脸上露出失望的表情。看来他的运气真不好，连弗雷迪这头猪居然都用过那好饮料，却没有他的份。

埃里克打开几个橱柜，但都空空如也。他抱歉地耸耸肩。“喝杯水吗？”他指着水龙头提议道。

乔治点点头。他并不急着回家吃晚饭。通常当他和其他小孩玩耍后，回到父母那儿时，都会感到很压抑，因为他们非常古怪。这个房子看似很奇特，但乔治觉得相当快乐。他终于找到一些甚至比他自家人更奇特的人。可是当他陷入快乐的思绪时，埃里克打断了他。

他仍然可以听到每一个令人痛苦的词。

埃里克打开收音机，音乐响起来了。“乔治，”他大声地说，“我们说到哪里了？”

“我不知道，”乔治小声地说，埃里克为遮盖安妮的电话交谈而制造的噪声几乎将他的声音完全淹没。

埃里克同情地看了他一眼。“让我给你看一些好玩儿的东西。”他大声地说，从口袋中取出一根塑料尺。他将尺子在乔治鼻子前挥舞了一下，“你知道这是什么？”他几乎是声嘶力竭地叫道。

“一根尺子吗？”乔治说。这个答案似乎太明显了。

“对。”埃里克喊道，他用尺子在自己的头发上摩擦，“看！”他让尺子靠近水龙头，那里正淌下涓涓细水，此时，水柱在空气中折弯，水不是直着，而是以一个角度流下。埃里克从水边移开尺子，水就正常地流下了。他把尺子交给乔治。乔治将尺子在自己的头发上摩擦，然后再让它靠近水柱，同样的事情发生了。

“那是魔术吗？”乔治突然激动地叫起来，完全忘记了安妮的无礼，“你是一位术士吗？”

“不是。”埃里克说，他把尺子放回口袋，水再次沿着细长的直线流下。他关上水龙头和收音机。现在厨房里安静多了，也不再听到安妮远处传来的声音。

“那是科学，乔治。”埃里克说道，他整个脸发出亮光，“科学。当你把尺子和头发摩擦时，尺子从你的头发里悄悄地获得电荷。我们看不见电荷，但水却能觉察到它们。”

“天哪！真了不起，”乔治松了一口气。

“是的，”埃里克表示赞同，“科学是美妙而激动人心的学科。它帮助我们理解我们周围的世界以及这世界所有的神奇。”

乔治忽然觉得非常迷惑，他问道：“你是科学家吗？”

“是的，我是，”埃里克回答。

“如果科学也破坏这个行星和它表面上的一切，”——乔治指着水龙头——“那还能称为科学吗？我不明白。”

“啊，聪明的孩子，”埃里克以夸张的语气说，“你击中了事物的要害。我来回答你的问题，但在此之前，我先要告诉你一些有关科学自身的东西。科学是一个大词，它意味着利用我们的感觉，我们的智慧，以及我们的观测力来解释我们周围的世界。”

“你能肯定？”乔治怀疑地问。

“非常肯定，”埃里克说，“有许多不同种类的自然科学，它们有许多不同的用途。我正在研究的科学都是关于如何和为何。宇宙、太阳系、我们的行星、地球上的生命——所有这一切是如何开始的？在它开始之前存在什么？这一切的一切是从何处来的？这一切又是如何运行的？为什么？这就是物理学。乔治，这就是激动人心、辉煌和迷人的物理学。”

“那真有趣！”乔治惊叫起来。埃里克谈及的，正是乔治一直纠缠他父母的所有问题——而这些问题，他们永远不能回答。在学校里，乔治试图去问这些大问题，但他总是得到这样的回答：在明年的课程中，他将能找到答案。那真不是他想寻求的答复。

“我可以继续吗？”埃里克扬起眉毛问道。

乔治正要说“噢，请继续吧”，此时，一直安静地待在那里的弗雷迪似乎也激动起来。它笨拙地移动蹄子，耳朵向后平贴着，以惊人的速度冲向门去。

“不要这样！”埃里克喊道，全身向猪扑去，猪已经闯过了厨房的门。

“停下！”乔治大喝一声，冲进他们后面隔壁的房间。

“吁，吁，吁！”弗雷迪尖叫着，显然它对在外撒野一天而非常心满意足。

第三章

如果乔治认为这厨房不整洁，那么和隔壁房间的脏乱相比，却是小巫见大巫。那里堆满了一摞摞的书，书叠得那么高，有些摇摇欲坠的书塔几乎顶到天花板。当弗雷迪猛然扑向屋子正当中时，笔记本、平装书、皮面的大部头著作和纸张像龙卷风似的在它周围飞扬。

“抓住它！”埃里克大声喊道，试图把猪赶回厨房。

“我正努力地抓住它呢!”乔治回应道。他的脸正好被一本带有闪亮封面的书击中。

“赶快!”埃里克说,“我们必须把它从这里赶出去!”

安妮的父亲跨出一大步,刚好扑到弗雷迪的背上,抓住了它的耳朵。他把这大耳朵当作方向盘,将仍在疯跑的猪转了个方向,像骑在四蹄猛跳的野马上似的,经过门口回到厨房。

乔治单独留在那个房间里,惊奇地看着四周。此前,他从未见过这样的房间,那些飞上天的纸片又都轻轻地落回地面,房间显出一种美丽的纷乱,而且这里还充满了令人激动的物件。

墙上,他看到一块巨大的黑板,那上面用彩色粉笔画满符号和曲线,还有其他一些东西,但乔治没停下来读它,因为要看的东西多得看不过来。在角落里,一座落地式的大钟慢慢地发出滴答声,还有一排银色的球,它们挂在非常细的金属丝上,似乎在永恒地运动着,钟摆振荡的咔嚓声和球的运动同步。一个木架上有一根很长的黄铜管指向窗外。它是那么陈旧而漂亮,乔治忍不住伸手触摸金属管,感到

它既冷又软。

埃里克笑容满面地踱回房间。他的衬衫还垂在裤子外面,头发直立着,眼镜以非常奇怪的角度架在鼻梁上。他手里拿着一本书,那正是他骑在弗雷迪背上冲出房间时抓住的那本。

“乔治,这太精彩了!”埃里克狂喜地说,“我以为我把这本书弄丢了——它是我的新书!我怎么找都找不到,而现在你的猪却帮我找到了!这结果多奇妙!”

乔治张大嘴站在那里,抓着金属管,呆呆地望着埃里克。他原先以为自己的猪在这儿撒野已经惹下了大祸,但埃里克看上去一点也不生气。他和乔治以前遇到的任何人都不同——不管在他的房子里发生了什么,他似乎从不生气。所有这一切真让人困惑。

“所以我该谢谢你今天对我的帮助，”怪癖的埃里克继续说，他一边把那失而复得的书放在一个硬纸板箱上。

“帮助？”乔治喃喃地重复道，他不相信自己的耳朵。

“是的，帮助，”埃里克坚定地说，“你似乎对科学很有兴趣，作为感谢，也许我可以再告诉你一些有关科学的东西。我们从哪里开始呢？你想知道什么？”

乔治的脑袋里有着太多的问题，他发现单挑出一个很困难。他灵机一动，指着金属管问道，“这是什么？”

“你挑了一个好问题，乔治，好问题，”埃里克快乐地说，“那是我的望远镜。它是一台非常古老的望远镜——四百年前，它属于一个叫伽利略的人。他生活在意大利，还喜爱在夜晚遥望星空。那时候，人们相信，我们太阳系中所有的行星——甚至太阳本身都围绕着地球运动，也就是围绕着我们这个行星公转。”

“但我知道不是那样的，那不正确，”乔治说，并把他的眼睛凑近这台老望远镜，“我知道地球围绕太阳运动。”

“现在你知道了，”埃里克说，“科学是关于从经验获取知识——因为伽利略很多年前就发现了这一切，所以你知道这个事实。通过他的望远镜观测，他意识到地球和太阳系中所有其他行星都围绕太阳公转。你能看见什么吗？”

“我能看见月亮，”乔治说，他眯起眼睛贴近望远镜，望远镜的角度正好调到从起居室可以看到夜空，“它似乎在微笑。”

“那些是狂暴的过去留下的伤痕，是流星撞到月球表面引起的冲击，”埃里克说，“你用伽利略望远镜不能看得非常远，但如果你去天文台，通过一个真正的大望远镜观测，你就能看到几十亿英里之外的恒星——这些恒星是这么远，在它们的光线到达我们的行星时，实际上它们也许已经死亡了。”

“一颗恒星也会死亡？真的吗？”乔治问道。

我们的月亮

- 月亮是行星的天然卫星。
- 卫星是围绕行星运动的物体，正如地球围绕着太阳运动一样，而“天然”意味着它不是人造的。

离开地球的平均距离：238 854 英里（384 399 千米）。
直　径：2 160 英里（3 476 千米），是地球直径的 27.3%。
表面积：0.074×地球的表面积。
体　积：0.020×地球的体积。
质　量：0.0123×地球的质量
赤道重力：16.54%的地球赤道处的地球重力。

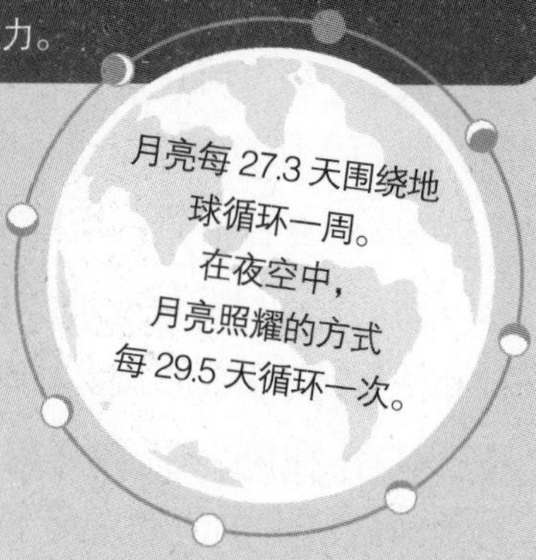

- 月亮引力对地球最明显的影响是海洋潮汐。地球对着月亮这一边的海，由于它离月亮较近，所以被月亮吸引得更厉害些，于是这边的海面形成一个凸出部分。类似地，远离月亮那一边的海，由于离月亮较远，所以月亮对它的吸引力比地球小，这就在地球的另一边海面又形成一个凸起部分。
- 尽管太阳的引力比月亮大得多，它对潮汐的影响只相当于月亮影响的一半，因为太阳离地球远得多。当月亮和地球以及太阳大体处于一条线上，月亮潮和太阳潮叠加在一起，产生每月两次的一个大潮（称为朔望大潮）。
- 月亮上没有大气，因而那里天空是黑的，甚至白天也是如此。大约从生命开始在地球上出现起，那里就没有发生过地震和火山喷发。因此曾经存在于地球上的所有生命有机体都在月亮上看到完全相同的特征。
- 我们从地球上总是看到月亮的同一面。月亮躲藏着的那一面的第一批图片是 1959 年一艘天空船（宇宙飞船）拍摄的。

光和恒星

- 我们宇宙中任何东西,甚至光,都需要花费时间行进。
- 在空间中，光总是以可能的最大速率行进：每秒 186 282.024 英里(299 792.458 千米)。这个速率称为光速。

- 光从地球行进到月亮大约只需要 1.3 秒。
- 太阳离我们比月亮离我们更远。
- 光离开太阳,大约花费 8 分钟 30 秒到达地球。

- 天空中的其他恒星比太阳离开地球要远得多得多。除了太阳,最近的一颗恒星称为比邻星，而光从那里要花费 4.22 年才能行进到地球。
- 所有其他恒星离开得更远。我们夜空能看到的几乎所有恒星的光已经旅行了几百年,几千年,甚至几万年,才到达我们的眼睛。尽管我们看到它们，这些恒星中的一些也许已经不存在了,但我们并不知道它们的存亡,因为它们死亡时爆炸的光还有待到达我们这里。
- 空间中距离可用光年来测量,一光年是光在一年中行进的距离。一光年几乎是 6 万亿英里(大约 9.5 万亿千米)。

半人马座比邻星,是除太阳外,离地球最近的恒星。

“是的,”埃里克说,“但我首先要向你展示恒星是如何诞生的,然后我们才能看它是怎样死亡的。稍等一下,乔治,让我做好准备——我想你会喜欢这个的。”

第四章

埃里克向门口走去，把头探到门厅里。“安妮！”他向楼梯上喊道。

“来了，”她遥远的声音叮当作响地传下来。

“你想看《恒星的诞生和死亡》吗？”埃里克问道。

“已经看过了，”她像唱歌似的回答，“许多次。”他们听到她哒哒地跑下楼梯。一会儿，她从门口探出头来：“我可以吃点土豆片吗？”

“如果我们还有的话，”埃里克回答，“你要拿到书房和乔治一起吃，好吗？”

安妮甜甜地笑了，消失在厨房里。他们听见橱柜门开关的声音。

“你不必介意安妮，”埃里克看着乔治，温和地说，“她毫无恶意。她只是……”他的声音低下去，走到屋子远处的角落，开始拨弄电脑。乔治先前还没有注意到那台电脑。他一直

被其他的东西吸引了，所以没有注意到连接有键盘的平板银屏。奇怪的是乔治没有立即认出那是一台电脑。他真希望说服父母给他买台电脑。他正在为买电脑存自己的零用钱，但按照现在的速度(每周 50 便士)，他计算了一下，大约需要 8 年，才能买得起一台二手货，而那东西简直就是地道的垃圾。因此乔治必须使用学校里那种笨拙迟钝的老机器。那机器每五分钟就会崩溃一次，屏幕上到处都是黏黏的手指印。

埃里克的电脑小巧而有光泽。看起来功能很多而且整洁——这是那类也许你在太空船上才能看到的电脑。埃里克在键盘上敲打了两下，电脑发出嗡嗡的噪声，明亮的彩色的闪光瞬间划过屏幕。他愉快地轻轻拍拍电脑。

“你忘记了什么东西，”一个奇怪的机器声音说道。这声音把乔治吓了一跳。

“我忘了吗？”埃里克神色一时显得困惑。

“是的，”那声音说道，“你还没介绍我是谁呢。”

“我真遗憾！”埃里克惊叫，“乔治，这位是 Cosmos，我的电脑。”

乔治惊讶得倒吸了一口凉气，不知该说什么才好。

“你必须向 Cosmos 问好，”埃里克对乔治耳语道，“否则它会觉得被人触犯了。”

“你好，Cosmos，”乔治紧张地说。以前他从未对电脑说过话，而且根本不知道说话时应该往哪里看。

“你好，乔治，”Cosmos 回答，“埃里克，你还忘记了其他一些事情。”

“又是什么？”埃里克说。

“你忘记告诉乔治我是世界上最棒的电脑。”

埃里克仰脸，无奈地看着天空。“乔治，”他耐心地说，“Cosmos 是世界上最棒的电脑。”

“说得对，”Cosmos 赞成道，“我正是。将来会有比我更棒的电脑，但过去和现在却没有。”

“对此，我感到很遗憾，”埃里克对乔治低语道，“电脑有时有点小心眼儿。”

“我也比埃里克更聪明，”Cosmos 自夸道。

“谁有资格这么说？”埃里克盯着屏幕，生气地说。

“我有资格这么说，”Cosmos 说，“我可以在十亿分之一秒内计算十亿个数，在还没说完‘Cosmos 好极了’时，我就能计算出行星、彗星和恒星，以及星系的寿命。在你还没说完‘Cosmos 是我所见过的最让人佩服的电脑，它真是难以置信’之前，我就能够……”

“好，好，好。”埃里克说，“Cosmos，你是我们所见过的最令人佩服的电脑。现在，我们可以继续了吗？我想向乔治演示恒星是如何诞生的。”

“不！”Cosmos 说。

“不？”埃里克说。“你这是什么意思，不，你这荒唐可笑的机器。”

“我就是不！”Cosmos 傲慢地说。“我不是荒唐可笑的机器。我是有史以来最棒的电脑——”

“噢，但是，请你……”乔治打断了他的话，恳求道，“Cosmos，我真想看恒星是怎样诞生的，请你演示给我看，好吗？”

Cosmos 沉默着。

“噢，Cosmos，请你继续，好吗？”埃里克说，“让我们向乔治展示一些宇宙的奇观。”

“也许……”Cosmos 闷声回答。

“乔治对科学的评价不很高，”埃里克继续说道，“Cosmos，这是我们向他展示科学另一面的好机会。”

“他必须宣誓，”Cosmos 说。

“你说到点子上了——聪明的 Cosmos，”埃里克说，他跳到黑板前。

乔治转过身来，更靠近黑板，仔细阅读上面写的东西——那看起来像是一首诗。

“乔治，”埃里克说，“你想学习这个宇宙中最伟大的学科吗？”

“噢，是的！”乔治叫起来。

“为了学习，你准备好宣誓了吗？你愿意答应只用你的知识行善而不作恶吗？”埃里

克从他的大眼镜后面，目不转睛地盯着乔治。他嗓音都变了——听起来极其严肃，“乔治，这是非常重要的，科学可以做大量的好事，但也正如你早先指出的那样，它也能造成巨大的灾难。”

乔治站得更直了，他看着埃里克的眼睛。“我准备好了！”他确认道。

“那么，”埃里克说，“看着黑板上的字。这是科学家的誓言。如果你赞成，就大声朗读誓词。”

乔治读了黑板上写的东西，考虑了一下。这誓词并没吓住他。相反，这些誓词让他感到全身心的激动。按照埃里克指示过的，他大声地朗诵：

“我宣誓，我将用我的科学知识为人类造福。我答应，在寻求智慧中决不伤害任何人……”

起居室的门开了，安妮悄悄侧身而进，手里抓着一大堆小袋装的炸薯片。

“继续吧，”埃里克鼓励地说，“你做得很好。”

乔治继续朗诵下去。

“在寻求关于我们周围奥秘的更伟大的知识时，我将勇敢谨慎。我绝不利用科学知识为自己谋取私利，也绝不把它交给那些要把我们生存其中的奇妙的行星毁灭掉的人。”

“如果我违背了这个誓言，宇宙的美丽和奇妙将永远不向我展现。”

埃里克鼓掌。安妮弄爆了一个空的炸薯片的袋子。一道色彩鲜艳的虹在 Cosmos 的屏幕上划过。

“做得好，乔治，”埃里克说，“你现在是为人类福祉探求科学社团

里第二年轻的成员了。”

“我向你致敬,”Cosmos 说,“从今后,我将认可你的指令。”

“而我将让你吃一些炸薯片!”安妮突然大声说。

“安妮,肃静!”埃里克说,“我们正要进入最佳境地呢。乔治,你现在可以使用开启宇宙的秘密钥匙了。”

“我可以吗?”乔治问,“它在哪里?”

“去 Cosmos 那里,”埃里克平静地说,“看着键盘。你能猜出需按哪个键吗?哪个是开启宇宙的秘密钥匙?安妮——不许说!”

乔治按照他说的做了。也许 Cosmos 是世界上最棒的电脑,但它的键盘不过是平时熟悉的那种。它的字母和符号排列顺序甚至和最差的中学电脑一样。乔治绞尽脑汁地想,究竟哪个键能为他开启宇宙呢?他再次看着键盘——突然他知道了。

“是这个,对吗?”他对埃里克说,他的手指停在键盘上方。

埃里克点点头:“按它一下,乔治。开始。”

乔治的手指下移,落在标有“Enter”的键上。

房间里的灯光突然暗了下来……

“欢迎你,”Cosmos 说,一段电脑化的喇叭声响起,“到宇宙去。”

第五章

屋里变得越来越暗。“来，坐在这里，乔治。”安妮呼唤着，她已经坐在一个舒适的大沙发上了。乔治在她旁边坐下来，几秒钟之后，他看到一束极细极白的光束。它直接来自 Cosmos 的屏幕。光束直射到房间的中间，它摇曳了一秒钟之后，就开始在空气中画出一个形状。它从左至右沿直线运动，然后下落到地板上。在它后面留下一个发亮的光的路径，再转过一个角，形成矩形的三条边。再一个直角，光束就回到它的出发点。有一秒钟的时间，它看起来像是一个平坦的形状，悬浮在空气中，但忽然间，它变成某种真实的非常熟悉的东西。

“那看起来像一个——”乔治说，他突然能够看出它是什么了。

“一个视窗，” 埃里克自豪地说，“Cosmos 已经为我们建造了一个宇宙之窗。走近来看。”

光束消失了，它在埃里克起居室中间画出的，悬在空气中的视窗却留在那里。尽管它的轮廓仍然发出亮光，现在看起来，它完全和真实世界的窗户一模一样。它有一大块窗玻璃和一个金属框。越过视窗，可见到一片景观。那景观不是埃里克的房子，或者其他任何人的房子、小路或城镇，也不是乔治曾见过的任何一个地方。

通过视窗，乔治看到了难以置信的茫茫的黑暗，其中洒满着微小

而明亮的东西,那像是恒星。他试图去点数它们。

“乔治,”Cosmos 以它机械的声音说道,“宇宙中存在几十亿颗恒星,除非你像我那么聪明,否则你不能把它们全部数出来。”

“Cosmos,为什么会有这么多呢?”乔治惊奇地问。

“新的恒星一直在创生呀,” 这台伟大的电脑回答,“它们在尘埃和气体的巨大云块中诞生。我准备向你展示它是如何发生的。”

“一颗恒星的诞生需要多长时间?”乔治问道。

“几千万年,”Cosmos 回答,“我希望你不要着急。”

“啧啧,”埃里克说,他盘腿坐在沙发旁的地板上,细长的手脚弯成锐角,像一只友善的大蜘蛛,“不要担心,乔治。我已经将它加速不少了。你仍来得及回家吃晚饭。安妮,把炸薯片分给大家。我不知道你怎么样,乔治,但宇宙总是让我感到很饿。”

“天哪!”安妮说,听起来有些难为情。她将手伸进大袋子里翻找着薯片,传来阵阵沙沙的噪声。“我最好再去弄些来。”她从沙发上跃起来,冲回厨房。

正当安妮离开房间,通过视窗,乔治注意到太空景观上的某些东西:众多小恒星并没有把它全部覆盖。在视窗底部的角落,他看到一小块完全黑暗,没有任何恒星发光的地方。

“那里发生了什么?”乔治指着问道。

“让我们来看一下,好吗?”埃里克说。他按了一下遥控器上的某个键,通过视窗的景观似乎将黑暗的那一块拉近了。当众多小恒星离得更近,乔治意识到,一块巨大的云正在那一点盘旋。视窗继续向前移动,直到小恒星正好处于巨大的云块之中,乔治能看到它是由气体和尘埃组成,正如 Cosmos 说过的。

“这是什么?”他问道,“我们在什么地方?”

“它是太空的一块巨大的云,比在天空中那些云大得多,”埃里克回答,“它是由非常微小的粒子构成,所有这些粒子都在云中飘浮着。

粒 子

- 基本粒子是最小的东西,它不能被分成更小的粒子了。比如说,携带电荷的电子,携带光的光子都是基本粒子。
- 原子不是基本粒子,因为它是由围绕着中心的核公转的电子构成的,正如行星围绕着太阳公转那样。核由紧紧地挤在一起的质子和中子构成。
- 人们原先以为质子和中子都是基本粒子,但是现在我们知道它们是由更小的称作夸克的粒子构成的。这些夸克被胶子捆在一起。胶子是强力的粒子,强力作用在夸克上,但不作用在电子和光子上。

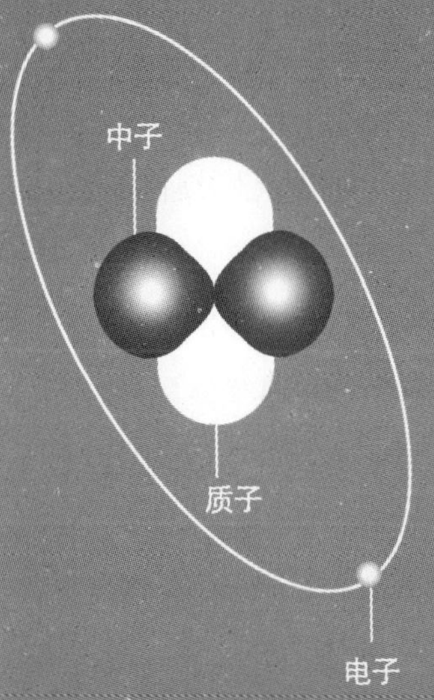

一个氦原子:原子核内有 2 个中子和 2 个质子,而 2 个电子围绕着旋转。

这些粒子的数目非常多,使这云块极为巨大——它大到可以把几百万颗地球放在当中。许多恒星将从这云块中诞生。”

在云块中,乔治看到粒子在四周运动,有些结合在一起,形成巨大的物质块。这些巨块不断地自转,也不断地聚集更多的粒子。但是随着粒子聚集在一起,自转的云块非但没有变大——相反的,它们似乎变得更小,仿佛某种东西在挤压它们。它看起来就像有人在太空糅合巨大的面团似的。现在,这些巨大球中的一个和视窗相当接近,乔治可以看到它正在自旋,不断地变得越来越小。随着它的收缩,它越变越热——热到连坐在沙发里的乔治都感到灼热。然后，它开始发出模糊但可怕的光。

“它为什么发光？”乔治问。

“它收缩得越厉害，”埃里克讲，“就变得越热。它变得越热，就发出越亮的光。它很快就变得极热。”他从地面上的一堆废旧杂物中抓出两副奇怪的墨镜来。

“戴上这副，”他对乔治说，他自己也戴上一副，“不戴眼镜，它很快就会亮到你无法观看。”

乔治刚刚戴上这副黑黑的眼镜，这个球就从内部爆炸开来，把它的正燃烧的热气体的外层向所有的方向抛去，爆炸之后，这个球像太阳那样发光。

“哇！”乔治喊起来，“那是太阳吗？”

“有可能。”埃里克回答，“恒星就是那样诞生的，而太阳就是一颗恒星。当大量气体和灰尘结合并且收缩，变得密集而炽热，正如你刚刚看到的，在球中间的粒子被这么厉害地挤压在一起，它们开始融合或者结合起来，释放出大量能量。这被称作核聚变反应。它非常强大，开始时，它抛出球的最外层，而余下的转变成一颗恒星。那正是我们刚刚看到的。”

现在这恒星在远处稳恒地发光。这是一幅美丽的景象。由于恒星非常明亮,若没有特别的墨镜,就不可能太久地看着它们。

乔治凝视着它,为它的威力所震撼。他看到从表面时不时地喷射出非常耀眼的巨大气流,那喷流以非凡的速度被送到几十万英里之外。

“这恒星将会像这样永远发光吗?”他问道。

“没有什么事物是永恒的,乔治,”埃里克说,“如果恒星永远发光,我们就不会在这里了。在它们的肚子里,恒星将小粒子转变成较大的粒子,那就是核聚变所做的:把小粒子融合在一起,而且把小原子构造成大原子。这个聚变释放出的能量是巨大的,这就是使恒星发光的东西。构成你我的几乎所有的元素都是在恒星中制造的。这些恒星的存在比地球要早得多。所以你可以说,我们所有人都是恒星的孩子!在很久以前,当这些恒星爆炸时,它们把自己创生的所有大原子

物 质

- 物质是由不同种类的原子构成的。原子的种类,或者所谓的元素,是由它们核中的质子数目所确定的。这个数目可以达到118,大多数元素还具有相等或者更大数目的中子。

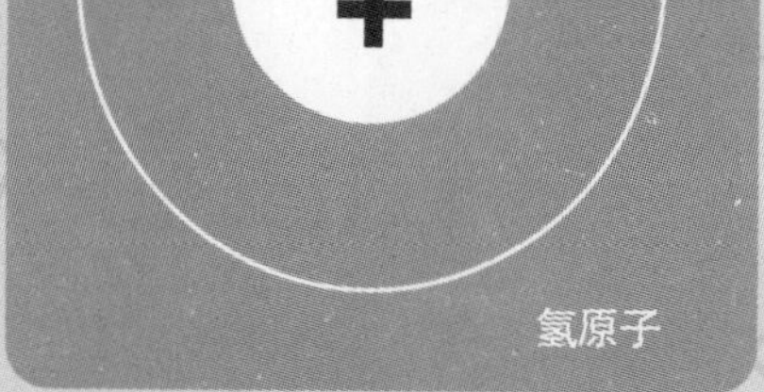

- 最简单的原子是氢,它的核只包含一颗质子而没有中子。
- 最大的自然生成的原子是铀,它具有一个包含92个质子和146个中子的核。
- 科学家认为,宇宙中的所有原子总数的90%是氢原子。

都送到太空中。现在你从视窗后面看到的恒星中，也正发生着同样的事情。它将在寿终正寝时爆炸，那时已经没有更多小粒子可用来融合成较大的粒子。爆炸将恒星肚子里创生的所有这些大原子都送到太空去。”

在视窗的另一边，恒星显得非常狂暴。随着恒星越长越大，它从鲜黄色转变成微红色，直到它变大到几乎无法通过视窗看到别的东西。乔治似乎觉得，恒星在任一时刻都可能爆炸。埃里克又按了一下遥控器。立即让视窗离开恒星，而那颗星持续地变得更红更大。

“难道这不令人吃惊吗？”埃里克喊道。“最初球体收缩，并诞生了恒星，然后恒星越变越大！而现在它几乎要爆炸了！无论你做什么，千万不要摘下墨镜。”

乔治着迷地看着恒星。突然，当恒星达到无人能够想像的尺度后，又过了很长时间，就在乔治面前，发生了他生平经历的最为剧烈

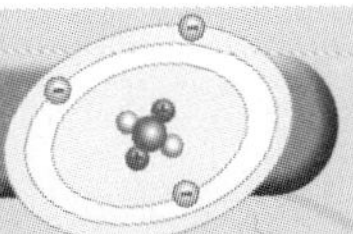

- 余下的 10%是 117 种份额不同的其他的原子，有些原子极其稀罕。
- 当原子一连串地连接在一起，形成的物体称做分子。存在无数的大小不同的分子，而且我们还一直在实验室里制造新的分子。
- 在恒星诞生前，太空中只能找到最简单的分子。最普遍的是氢分子，它处于太空的巨大气体云中，气体云是恒星的诞生之处。氢分子由连接在一起的两个氢原子组成。

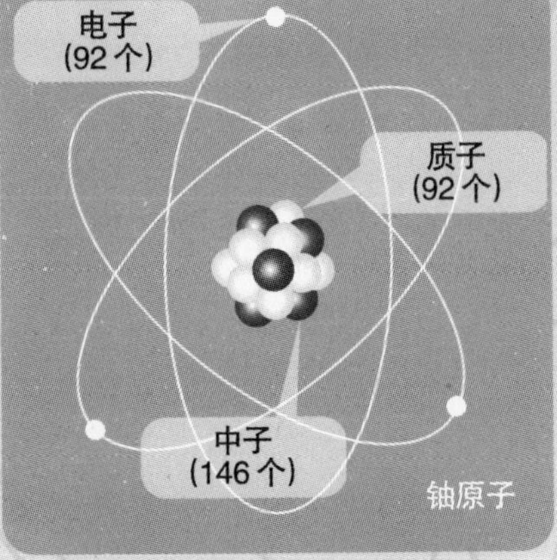

的大爆炸。整个恒星爆炸开来，将大量的光和红热气体，包括它创生的所有新原子都送到太空去。爆炸之后，乔治看到恒星遗留下来的一切是美丽的新的云块，充满了非同寻常的颜色和新物质。

“哇！”他喊起来，如同观看一场最奇妙的烟花表演。

“你瞧，”埃里克说，“随着时间流逝，你现在看见的彩云将和其他的云混合，那是些从非常远的也爆炸过的恒星遗留下来的云。当它们冷却下来，所有来自这些云的气体会混合一起形成更大的云，恒星又会在那里诞生。在这些新的恒星出现的邻近区域，遗留下的元素会聚集一起成为不同尺度的物体。这些物体太小，不能成为恒星自身。但它们中的一些会成为球体，而且随着时间推移，这些球体将转变成行星。实际上，发生的全过程需要非常长的时间——几千万年！”

“哇！”乔治被深深地吸引住了。

“但是我们没有太多时间等待，你现在必须回家吃晚饭了。”埃里克说，然后走到 Cosmos 那里又按了一些键。“让我加快一些。我们黎明时分，月亮刚刚从地面升起，柔和的地球辉光(从地球背面反射的太阳光)照亮了黑暗月亮的边缘。

虽然月亮通常被认为是灰白色的，但它实际上还是有颜色的。这幅图片经增强处理展现出月亮不同地质特征所产生的错综复杂的色彩。

月球的那一面在地球上总是看不到。这幅照片是1972年由阿波罗16号太空船拍摄的。

图片中心的黑暗星云由于其独特形状而被称为马头星云。它在发散星云(叫做 IC434)的背景上现出轮廓,该发散星云之所以闪亮,是因为其中的氢被热恒星点燃,从这里到地球为 1500 光年。

这些柱状宇宙云由氢和尘埃构成，它们包含未成熟的恒星而被称为创生柱(Pillars of Creation)。

银河系的中心。因为在它前面还有宇宙尘埃，所以我们不能用肉眼看到。但是这幅照片用折射光摄到，它使得我们看到几十万颗隐藏的恒星。在中心的白点里是一个超大质量黑洞。

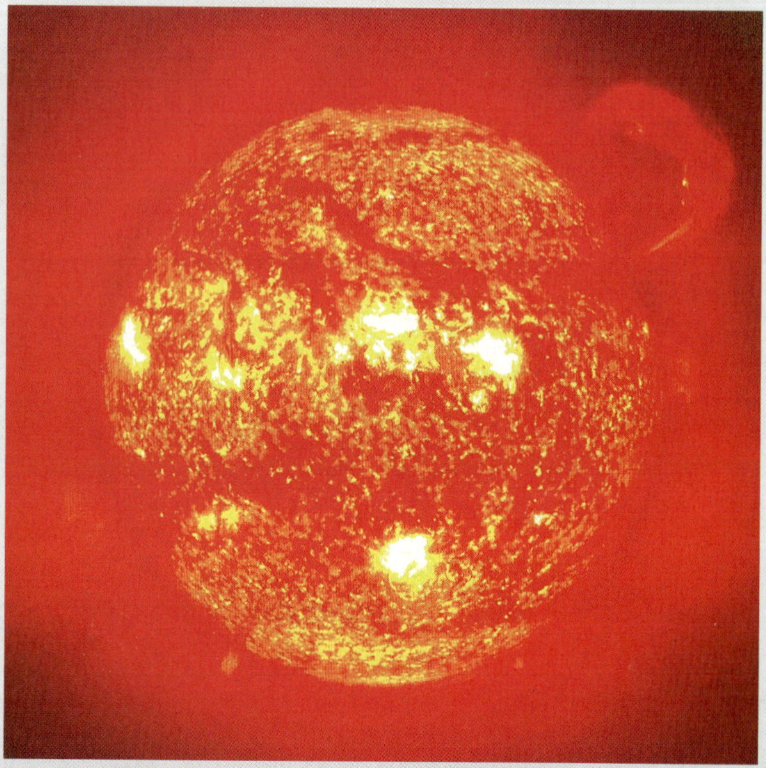

太阳的紫外线辐射照片。在照片的正上方有一朵热等离子云喷出，这种喷射称为“日珥”。

半人马座比邻星（中心的红点）是离太阳最近的恒星。这里与地球相距 4.22 光年，而光从太阳传播到地球只需 8.31 分钟。

开始。”

一眨眼的工夫，埃里克讲的几千万年已经过去了。从几十颗恒星爆炸产生的气体已经聚集成极大的云块。在云块内，到处出现新的恒星，直到刚好在视窗前形成了一颗恒星。那颗恒星的亮度使所有其他的恒星都难以辨认。离开这颗新恒星一段距离以外，从云块遗留下的气体变得非常寒冷，并且开始聚集成小的冰块。乔治看到这些冰块中的一个向视窗直冲过来。他刚要张口警告埃里克，但是冰块飞得太快了，在乔治还来不及说任何话时，它已经猛撞在玻璃上，一阵粉碎破裂声，仿佛整座房子都震动了。

乔治惊吓地跳起来，并跌落到沙发外。“那是什么？”他对埃里克呼喊。

“哎呀！”埃里克正在 Cosmos 上专心地打字，“真对不起。我没料到会直接击中。”

“你应该更小心一些，”Cosmos 生气地说，“这不是我们第一次发生事故了。”

“怎么啦？”乔治问，他发觉自己正紧抱着一个小玩具熊，这肯定是安妮留在沙发上的。他觉得头很晕。

“我们被一颗小彗星打中，”埃里克承认，他显得有些难为情，“对不起大家。我并不想让此事发生。”

“小的什么东西？”乔治问，觉得房间围绕着他旋转着。

埃里克向 Cosmos 打进了一些指令。“我想今天足够了，” 他说，“你好吗，乔治？”他取下墨镜，凝视着乔治的脸，“你看起来有些头晕。”他听上去有些忧虑。“哎呀，我原以为这是很开心的，安妮！”他对

厨房喊着,“你可以给乔治拿杯水来吗？天哪,天哪……”

安妮踮起脚尖走进来。她小心地端着满满一杯水,一些水溢出杯沿。弗雷迪这头猪黏在她身旁,用猪眼睛向她投出爱慕之光。她把杯子递给乔治。

“不要担心,”她好意地说,“第一次，我也觉得非常晕。爸爸,”——这就是一个命令——“现在该让乔治回家了,他已经受够了宇宙的折磨。”

“是,是,是,我认为你是对的。”埃里克说,但仍然显得忧心忡忡。

“但它是那么有趣！”乔治抗辩着,“难道我不能再看一些吗？”

“不,真的,我以为已经够了。”埃里克急促地说,他拿起一件大衣。“我打算送你回家。Cosmos,你照看安妮几分钟,来,乔治,带上你的猪。”

“我还能再来吗？”乔治渴望地问。

埃里克穿上大衣,拿上钥匙,再穿上鞋子。一阵忙乱之后,他微笑地说:“当然可以。”

“但你必须答应不告诉任何人有关Cosmos的事情。”安妮又加上一句。

“那是一个秘密吗？”乔治极为兴奋地问。

“是的,”安妮说,“那是大的,巨大的,特大的,甭提有多大的惊人的秘密,它比你以前听到的任何秘密都要大许多倍。”

“安妮,”埃里克严厉地说,“我告诉过你‘甭提多大’不是一个真正的数。现在向乔治和他的猪告别吧。”

安妮挥挥手,并对乔治微笑了一下。

“再见,乔治,”Cosmos说道,“谢谢你使用我超棒的智能。”

“谢谢,Cosmos。”乔治礼貌地说。

乔治一说完,埃里克立即就领着他和弗雷迪穿过门厅,从前门出去,返回到他们在地球行星上的真正生活。

第六章

第二天在学校里，乔治还不禁想起在埃里克家看到的奇观——巨大的云朵和太空以及岩块！Cosmos，世界上最棒的电脑！它们都居住在乔治的隔壁，而他的父母竟然不容许他有一台电脑。乔治激动得似乎把持不住了，特别是当他再次坐在教室里那非常枯燥的书桌旁时。

乔治面前放着练习本，他用彩色铅笔在上面乱涂，试图素描下埃里克这台惊人的电脑——这台电脑可以由稀薄空气制造出一个视窗，再通过视窗向你展示一颗恒星诞生和死亡的全过程。尽管乔治在脑袋中可以完整地把它摹想出来，但他笨拙的手画出的东西却与他看到的毫不相像。这真让人感到非常懊恼。他只好不停地打叉，重画，直到整张纸被画得乱七八糟。

“哎哟！”他突然喊起来，一个纸制的火箭正打中他的后脑勺。

“啊，乔治，”他的老师雷帕说，“你今天下午仍然和我们一起，真好呀。”

乔治吓了一跳，往上看去。雷帕博士正居高临下地站着，透过模糊的眼镜盯着他。他的短外衣上的一大块蓝墨水污迹，使乔治想起一颗爆炸恒星的形状。

“你有话要对同学们说吗？”雷帕博士一面说，一面向下盯着乔治，乔治匆忙地捂住练习本，“今天除了我听到的‘哎哟’之外，你还说了些什么？”

“没有，并没有说什么。”乔治用一种压抑的高音调说道。

“你不想说：‘尊敬的雷帕博士，这是我用整个周末辛辛苦苦做出的作业’吗？”

“嗯……”乔治难为情地说。

“或者说：‘雷帕博士，我仔细听了你在课堂上讲的每一个字，把它们全都记下来了，附上我自己的评论，而这是你非常喜欢的我的课题。’”

“呃……”乔治嘀咕着，正想着如何摆脱这个问题。

“当然你不想，”雷帕博士严厉地说。“说到底，我只不过是老师，整天站在这里自得其乐地讲课，根本不指望任何人从我努力的教育中得到任何有价值的东西。”

“我的确在听呢。”乔治抗辩道，现在他感到心虚了。

“别想讨好我。”雷帕博士相当粗鲁地说，“那没有用。”他忽然急转身，“把那个交给我！”他快速地冲过教室，以迅雷不及掩耳之势，从

一个坐在后排的男孩手里夺走一个手机。

虽然雷帕博士穿着粗花呢的上衣，语言像一个世纪前的那么陈腐，但他的学生都非常怕他。他们讨好那些足够愚蠢到要和他们交朋友的老师，但从不试图用同样方法去讨好他。他是新来的老师，在这学校没多长时间，但是就在雷帕到校的第一天，他只需盯着全班学生，就足以使所有的人鸦雀无声。雷帕博士和“时髦”、“感情化”或“安逸”等词汇毫不相关。结果呢，他的班级却总是有条不紊，他的作业总能及时收上来，而当他步入教室时，甚至连最不在乎最反叛的男孩也坐得笔挺，即刻安静下来。

孩子们称他“格雷帕”。这绰号来自他办公室门口的标记“格·雷帕博士”。他有一种神秘的习惯，他会事先毫无征兆地，突然出现在学校的某个偏远角落，所以孩子们还称他为“格雷帕·可雷帕（爬行者的音译）”。唯有从换了新厚底鞋子轻微的响声，从老烟草淡淡的气味中可以得知他就在附近。格雷帕快意地搓着满是伤疤的双手，在任何人能够觉察之前，他就能挫败任何秘密策划的恶作剧。没人知道，他如何设法掩饰住那红色的多鳞的，令人看着非常疼痛的灼伤的疤痕，当然，更没人有胆量去问他。

“也许，乔治，”格雷帕一面说，一面把他刚刚没收的手机放进衣袋，“你会介意把从今天上午直到现在，你创作的艺术品让全班开开眼吗？”

“那是……那是……”乔治小声嘀咕道，觉得自己的耳朵发热变红。

“大声说，孩子，大声说！”格雷帕命令道，“我们大家都急切想知道”——他拿起乔治画的 Cosmos，这样全班都能看到。——“这画的是什么！我们大家是否想看？”

其他小孩都在窃笑，每个人都在幸灾乐祸。格雷帕和某人过不去，而这个人不是他们自己。

此时此刻，乔治恨透了格雷帕。他恨得完全忘记了在其他的同学面前被羞辱或丢脸的恐惧。不幸的是，他也忘记了对埃里克做出的承诺。

“事实上，这是一台非常特殊的电脑。”他大声说道，“它能向你展示在宇宙中发生了什么。他属于我的朋友埃里克。”他冷眼盯着格雷帕，几簇暗红色的头发下，他的目光非常坚定。“我们的太空存在许多惊人的东西，一直在不停地飞行，比如行星、恒星、黄金等。”这最后一点是乔治编造的——埃里克从未提到太空的黄金。

自乔治上格雷帕的课以来，他的老师似乎第一次不知道要说什么。他就站在那儿，手中抓着乔治的本子，张口结舌，惊奇地看着乔治。

“那么，它毕竟真的运转起来，”他用几乎听不见的声音对乔治说，

“而你已经亲眼见到,那是了不起的……”一瞬间后,格雷帕似乎从睡梦中苏醒。他啪地一声快速合上乔治的练习本,走到教室的前面。

“现在,”格雷帕大声说,“鉴于你们今天的表现,我准备给所有的人布置一百行作业。我要求你们在练习本上整洁地写上,因为我忙于听雷帕博士必须讲的所有有趣的东西，我在他的课堂上将不发手机短信。记住写一百遍。任何人在铃响时还未写完,就必须留下。非常好,快点写。”

教室里有人生气地嘀咕。乔治的同学本来希望看到老师将他撕成碎片,相反的,乔治却多半逃脱厄运了,而他们所有人都曾因完全不同的事情受过惩罚。

“但是,老师,这不公平。”后面的一个男孩抱怨道。

“生活本身就不公平。”格雷帕快乐地说,“由于这是我可能教你们的最有用的一堂课,我为你们已经理解它而感到骄傲。继续课程。”说完,他在自己书桌旁坐下,取出一本书,书上都是复杂的方程。他开始翻动书页,一边沾沾自喜地点头。

乔治觉得,一把尺子正戳进他的后背。

“这都是你的错！”林戈发出嘘声。他是班级的恶霸，坐在乔治的后面。

“肃静！”格雷帕大声吼道，他沉浸在书中，甚至连头都没抬，“任何说话的人罚写两百行。”

乔治运笔如飞，刚好下课铃响起时，他非常整洁地写完了一百行。他细心地撕下画有 Cosmos 的那一页，并把它折叠起来，塞进裤子后面的口袋里。然后他把本子放在格雷帕的书桌上。但是乔治还没来得及在走廊里迈出两步，即被格雷帕追上，他挡住了乔治的去路。

“乔治，”格雷帕十分严肃地说，“那台电脑是真的，是吗？你亲眼看到了它，是吗？”他的眼神很吓人。

“我只是，呃，编造故事。”乔治很快地说，企图赖掉。他多么希望什么都没对格雷帕说呀。

“它在什么地方，乔治？”老师问道，语调缓慢而平静，“告诉我这台惊人的电脑在哪里，这一点非常重要。”

“没有电脑，”乔治说着从格雷帕的手臂下钻过。“它不存在——我只是想象，就是这么回事。”

格雷帕后退一步，沉思地看着乔治。“乔治，当心点，”他以一种让人恐怖的平静的声音说道，“要十分当心。”说完，他立即走开了。

第七章

从学校回家这一路又热又长。早秋的太阳以出人意料的热度直射在柏油路上。乔治脚下的路变得柔软而容易被轧烂。他步履艰难地走在人行道上，身旁的轿车飕飕地飞驰而过，留下了难闻的气味。在一些巨大闪亮的怪物的后座上，坐着放学的孩子，他们得意洋洋。当这些孩子的父母开车接他们回家时，他们就在后座上看 DVD。有些车驶过乔治身边时，一些孩子还向他做鬼脸，嘲笑他必须步行，其他人快乐地挥手，似乎他也会快乐地看着他们坐在巨大的油老虎里直奔远方。没人会停下来捎他一段路。

但是今天乔治并不在乎这些。在步行回家的途中，他要思考许多东西，并为独自一人而感到快乐。他的头脑中充满了太空中的云块、巨大的爆炸和制造恒星花费的几百万年。这些思绪把他带到穿越宇宙很远很远的地方——这么遥远，实际上，他甚至都完全忘掉了这样一个重要的事实，那就是自己生活在行星地球上。

“喂！”忽然，他身后响起一声叫喊，将他的思绪从白日梦中拉回此时此地。他希望那只是某人在街道上的喊叫，或是一声随意的与他无关的噪音。他稍微加快了脚步，紧紧抓住书包并抱在胸前。

“喂！”他又听见了另一声，这一回离得更近了。他一面克制着回头看的欲望，一面加快了脚步。他身旁，一边是繁忙的主路，另一边是城市公园，那里无处藏身。公园里树木太稀，散乱地分布着，而且跑到灌木丛附近的任何一处都是不明智的，他最害怕的是被后面的男孩子拖入灌木丛。他不停地走，每分钟都在加速，他的心怦怦跳着，犹如敲着小手鼓。

“乔吉，你这小子！”他听到了喊声，血液几乎凝固了。他最怕的一切果然发生了。通常，放学的铃声一响，当那些个子更大而行动更慢的男孩还在衣帽间相互打橡皮圈时，乔治就冲出大门，早已在路上了。他听过林戈和其追随者欺负小孩的可怕故事。他们在街上抓住小孩——剃光眉毛，倒吊起来，抹上稀泥，并让小孩只穿短裤留在树上，涂上不褪色的墨水或者把小孩扔在打碎窗户的地方，让他们代为受过。这些都是学校里秘密流传的林戈恐怖王朝的故事。

但是在这个阳光灿烂的使人懒洋洋的秋日的下午，乔治犯了一个可怕的错误，在刚给了林戈和他的朋友一次招惹他的借口后，他步

行回家的速度太慢。因为在格雷帕的课堂上，乔治使他们都很倒霉，他们要做额外的功课，所以很生他的气，很明显，现在他们就跟在他的身后，正准备报复。

乔治环视四周。在他前面，有一群母亲推着婴儿车正横穿马路，一位手持“暂停”指示牌的女士正在指挥车流停下，好让行人穿越。他急忙向前赶去，加入母婴的行列。他把自己塞在他们中间，婴儿车把他包围起来。当持黄牌的女士举起鲜黄色的标牌时，乔治漫步穿过，试图装成自己是母婴队伍中的一员。但他知道这是不可能愚弄任何人的。当他走过举黄牌女士身旁时，她对他使眼色，并低声说道，“别担心，亲爱的，我将为你把他们拦住一分钟。但你现在立刻跑回家。不要让坏小子抓住你。”

当乔治到达路的另一边之后，他吃惊地看到，举牌的女士把牌子靠放在一棵树旁，并站在那里，回头盯着林戈和他的同伙。车流的轰鸣又起。乔治离开时，还听到后面威胁的喊声：

“喂，我们必须穿过马路……我们必须回家做作业……如果你不让我们通过，

我将会告诉我妈，她就会来教训你……她将让你吃黄牌，她一定会的……”

“你小心点，里查德·布莱特，”举黄牌的女士嘟哝着，手持圆形的标记，缓缓地走到路上。

乔治离开主路，但身后传来沉重的脚步声，他们正寻迹而来。他急忙跑进一条长长的林荫小路，这条路经过一些大房子花园的后面；这时可没什么大人能救他了。

乔治试着打开几家栅栏中的门，但所有的门都被牢固地锁住。他紧张地四处张望，忽然灵光一闪。他抓住一株垂得最低的苹果树枝，将自己提升到围栏的顶上，踏在那里，他刚好能跨过去。他落在一大丛多刺的灌木当中，灌木刺伤了他，撕开了他的学生制服。当他躺在灌木丛中无声地呻吟时，就听到林戈一伙已经跑过围栏的另一边，他们边跑边议论着，如果抓住乔治，要对他进行怎样的令人毛骨悚然的报复。

乔治静静地待着，直到确定这伙人已经走远。他扭动着，试图脱掉套头毛衣，但毫无希望——多刺的灌木紧紧地挂住了毛衣，他从缠绕的枝条中挣扎出来，裤袋里的东西全都掉在地上。他四处乱扒，想捡回所有重要的零碎东西。然后，他从矮树丛中现身，走上长而平坦的绿草地，那儿正有一位女士躺在帆布椅上做日光浴。她非常惊讶，将墨镜推上前额，并看着他。

“你好(法文)!”她的声音十分动听。她指着房子那边说，“走那条路——门没锁。”

“噢，谢谢(法文)!”乔治说，总算记起法文的一个词汇。“还有，呃，对不起。”当他匆忙地从她身旁走过时，又再补充了一句，然后就沿着她房子边上的过道跑走了。他穿过大门，来到路上，就向自己家走去。因为左脚扭伤了，他走起来有些跛。他一瘸一拐地走着，街道上安静得毫无生气。但这安静并未持续多久。

“他在那里！”一声非常响亮的呼叫。他听到：“乔吉小子，我们正在抓你！“

乔治用尽吃奶的气力，努力使脚步移动得更快些，但他感觉那么缓慢，似乎是在淌过流沙。他已离家不远，可以看到路的尽头，但林戈一伙正在逼近他。他奋勇向前，到达转角处时，他以为自己就要倒在人行道上了。

“我们要宰了你！”林戈在后面吼叫着。

乔治摇摇晃晃，步履不稳地走在街上。他的呼吸出了毛病，空气以极大的嗖嗖声喘息着进出

肺部。他因逃避林戈而落下的所有划伤、青瘀以及肿块都一直在疼,喉咙焦干,筋疲力尽,几乎不可能走得更远了,还好他也不需要了——他已经到家。在没有彻底垮下去或吃林戈和他可怕的朋友更大的苦头之前,他已经来到绿色的前门。现在似乎一切都没事了。他要做的不过是将手伸进口袋,找到前门的钥匙。

但是钥匙不在那里。

他将口袋翻了个遍,在所有的宝贝里寻找着——他的七叶树果、外国钱币、一根线、一团蓝胶泥、一辆红色的跑车模型和一个绒线球,但就是没有钥匙。一定是他在攀越围栏时掉到灌木丛中去了。他按门铃,希望母亲已经提早到家了。叮……铃……铃……铃!他又试了一下,但仍无回音。

林戈看见他站在那里,意识到自己胜券在握,脸上挂着令人惊惧的奸笑,开始自信满满地朝乔治慢步走来。他的身后还有三名面目狰狞、摩拳擦掌的朋友,颇想惹是生非。

乔治知道无处可逃了。他闭上眼睛,背靠前门而立。在他准备面对命运之时,肚子里翻江倒海。他绞尽脑汁,想说出可能使林戈退却的某些言词,但怎么都想不出任何聪明的话语,如果警告林戈:你会惹下麻烦,则全无用处。林戈对此早已了然于心,以前这种话也从未阻止过他。此时脚步声停止了。乔治睁开一只眼睛,看看将会发生什么事。林戈一伙在中途停下来,开始讨论如何处置乔治。

“不!”林戈大声吼叫,“胡说八道!让我们把他压在墙上,直到他求饶为止!”

但正当林戈说话时,却发

生了什么事。这件事是这么古怪，甚至事后，林戈和他朋友都不能断定是否在做梦。乔治邻居的门哗的一声突然打开了，一个像小航天员的人从门里跳出来。这个小人穿着白色的太空服，戴着圆形的玻璃头盔，背上插着一根天线。他/她跳到路当中，摆出凶猛的空手道架势，林戈和他的朋友都惊恐地退后一步。

“滚回去！”太空服以一种奇怪的金属器般的声音说道，“否则我将用外星生物的语言诅咒你。你的皮肤将会变绿，脑髓将沸腾冒泡从你的耳朵和鼻孔里漏出来。你的骨头将会变成橡胶，你全身会长出几百个肉赘。你只能吃菠菜和芥兰，看电视会使你的眼睛从头上掉落，你将永远不能再看电视。你看着办吧！”宇航员飞速地转了几圈，再踢了几下腿。乔治觉得这人有点儿似曾相识。

林戈一伙脸白如纸，踉跄后退，吓得嘴巴都闭不上。他们完全陷于恐怖之中。

“进屋子里来。”太空服对乔治说道。

乔治进了邻居的房子。他没被小太空人吓坏——透过头盔玻璃，他看见闪现的美丽的金发。看来是安妮救了他。

第八章

“嗨！”穿太空服的人物随乔治进入屋内，再把笨重的太空靴向后一踢，将前门砰的一声关上，“裹在太空服里很热。”她脱掉圆形的玻璃头盔，甩出一根很长的马尾辫。果然是安妮。她因穿着这么沉重的衣服蹦进蹦出而脸色泛出点点粉红。

“你看他们吓成什么样子了吗？”她眉开眼笑地对乔治说，一面用袖口擦净前额，“你看到了吗？”她沿着门厅大踏步走，同时发出沉闷的脚步声，“快点儿。”

“嗯，是的，谢谢你。”乔治尾随她走进房间里，那间屋子正是他和埃里克看过《恒星的诞生和死亡》的地方。本来乔治一想到能再见 Cosmos 就非常激动，而现在却感到痛苦。他无意中让可怕的雷帕博士知道了 Cosmos，而他承诺过埃里克会保守秘密的。他从学校回家的途中，被那帮流氓追赶，既漫长又恐怖。更

让他难堪的是，居然是一个穿太空服的小女孩救了他。这一天真是糟糕透了。

此外，安妮还在得意忘形地说着，似乎没完没了。“你在想什么？”她一边扯平连衣裤的太空服，一边对乔治说，“这是崭新的——刚刚寄到。”一个贴满邮票的纸箱躺在地板上，上面还印着“空间探险大观”的标记。在它旁边，还有一件小得多的粉红色太空服，上面点缀着装饰亮片、徽章，处处都缝了丝带。但那件衣服又旧又脏，还布满了补丁。“那是我以前的太空服。”安妮解释道，“是我很小的时候穿的。”她再以相当轻蔑的语气说：“我过去以为戴上这些东西很漂亮，但现在我喜欢无装饰的太空服。”

“你为什么定购太空服？”乔治问道，“你要参加化装舞会吗？”

“我才不呢！”她转动着眼睛。“Cosmos！”她喊道。

“是，安妮，”Cosmos 这台电脑深情地说。

“你这台漂亮可爱很棒的好电脑！”

“噢，安妮，”Cosmos 说道，它的屏幕发着光，似乎脸红了。

“乔治想知道我为什么有一套太空服。”

“安妮有一套太空服，”Cosmos 回答着，“这样的话，她就能够在太空旅行。那里非常寒冷，大约是摄氏负二百七十度。如果不穿太空服，在比一秒还短的时间内，她就会被冻成固体。”

“是，但是——”乔治抗议地提问道。但还没等他说下去，就立刻被打断了。

“我和爸爸进行围绕太阳系的旅行。”安妮夸耀道，“有时妈妈也参加，但她不在乎太空旅行。”

乔治感到很烦。他没心情玩这种愚蠢的游戏。“不，你没去。”他生气地说，“你没有进入太空。你必须搭乘航天飞机才能做那样的旅行。人家不会让你搭乘的，因为人家不知道你说的哪些是真的，哪些是假的。”

温 度

- 地球表面的平均温度：摄氏 15 度(华氏 59 度)。
- 地球上有记录的最低温度：摄氏 −89 度(华氏 −128.2 度)，东方站(前苏)，南极洲，1983 年 7 月 21 日。
- 地球上有记录的最高温度：摄氏 58 度(华氏 136.4 度)，阿济济亚，利比亚，1922 年 9 月 13 日。
- 月亮表面上的温度：
  日平均：摄氏 110 度(华式 230 度)
  夜平均：摄氏 −150 度(华式 −240 度)
- 太阳表面上的平均温度：摄氏 5 500 度(华氏 9 932 度)
- 太阳核的平均温度：摄氏 15 000 000 度(华氏 27 000 000 度)
- 太空的平均温度：摄氏 −270.4 度(华氏 −454.72 度)

安妮的小嘴张开成一个完美的 O 形。

“你编了当芭蕾舞女演员和航天员的愚蠢故事，而你爸爸和 Cosmos 假装相信你，但事实上，他们不相信，”乔治继续说道。他觉得又热又累，他真想吃点好东西，当作下午的茶点。

安妮急速地眨着眼睛，她的蓝眼睛忽然晶莹发亮，满是眼泪。“我不是在编故事，”她非常愤怒地说。圆脸颊变得更红了，“我没有！我没有！这都是真的！我没说谎。我是一名芭蕾舞演员，我确实进入太空，而且我将向你展示这一点。” 她气势汹汹地走到 Cosmos 面前。“而且，”她的怒火仍然还未熄灭，“你也将去。到那时候，你就会相信我了。”她在一个包装盒里乱找一气，然后拿出另一件太空服，她把衣服扔给乔治。“把这个穿上。”她命令道。

“哦，”Cosmos 平静地说。

安妮正站在 Cosmos 前，手指敲打着键盘。“我要把他带到哪儿去呢？”她问道。

“我认为这是一个坏主意，”Cosmos 警告说，“你爸将会说什么？”

“他不会知道的。”安妮很快地说，“我们只是去了就直接回来。只要两分钟。Cosmos，求求你！”她乞求道，此时已是热泪盈眶。“所有的人都认为我在编故事，而我没有！有关太阳系的事情是真的。我要向乔治展示，这样他就知道我没在编故事了。”

“行，行，”Cosmos 急忙说，“请不要把盐水溅到我的键盘上，它会腐蚀我的内部。但你仅能通过视窗看。我不让你们任何一个真正到太空去。”

安妮转过身来，面对乔治。她一脸凶相，却仍在流泪。“你要看什么？”她诘问道，“宇宙中什么东西最有趣？”

乔治绞尽脑汁地想着。他不知道到底是怎么回事，但他肯定从未想过惹得安妮这么生气。他不愿意看到安妮流泪，但当他想到埃里克时，心情则更坏。就在昨天，埃里克还跟他说过，安妮没有任何恶意，

而乔治刚才对她很凶，或许应该假装附和她才好。

“彗星，”他说道，记起《恒星的诞生和死亡》的结尾，以及撞击窗户的岩石，“我认为彗星是宇宙中最有趣的东西。”

安妮在 Cosmos 的键盘上打出“彗星”一词。

“乔治，穿上你的太空服，快点！”她命令道，“一会儿就会变冷。”说完，她就按了一下“Enter”键。

第九章

周围的一切再次暗了下来。Cosmos 屏幕上发出一道细小而灿烂的光束。它射到屋子中间，盘旋片刻，然后开始画出一个形状。在稀薄的空气中，这次画出的不是一个视窗，而是某种不同的东西。光束从地面往上画出一根线，然后向左转，继续画出一根直线，再次回落到地面上来。

“噢，瞧！”乔治说道，现在他能看出那是什么东西了，“Cosmos 画了一扇门！”

“我何止画出了这个，”Cosmos 气鼓鼓地说，“我比你了解的聪明得太多了。我已经为你制造了一个门道——入口，它通向……”

“别出声，Cosmos！”安妮说，她又戴上头盔，她的声音从装在里面的传声器传出，那滑稽的声调曾把林戈那伙人吓得屁滚尿流，“让乔治自己把它打开。”

这时，乔治已经把自己塞进巨大笨重的白太空服和玻璃头盔里，那正是安妮刚才扔给他的。太空服的背面附有一个小容器，通过一根管子为头盔提供空气，因此他在头盔内，呼吸会容易一些。乔治再穿上安妮抛给他的大太空靴和手套，然后向前迈了一步，胆怯地推了一下门。门嗖地一下打开了，展现出极其广袤的太空，太空中充满了成千上万的小光点，原来这些都是恒星。其中有一颗比其他的大得多，也亮得多。

“哇！”乔治通过自己的传声器喊了起来。在看《恒星的诞生和死亡》时，他就已经透过视窗玻璃看到过太空的事件；但这次在他和太空之间似乎没有任何东西，他仿佛只要迈过大门就能到达那里。而现在他在何处？如果他跨出一小步，他就会在哪里？

“这是什么地方……什么……怎样……”乔治惊讶地喃喃自语。

“看那里，那颗明亮的恒星，就是你能看见的所有恒星中最明亮的那颗吗？”乔治听到 Cosmos 的回答，“它是太阳。我们的太阳。从这里看比你在天空看显得小一些。大门通往太阳系的某处，那里离开太阳比从地球行星离开太阳还要远很多。有一颗大彗星正在来临——这就是我为你选择这个位置的原因。几分钟之后，你就会看见它。请站到门后去。”

乔治向后退了一步。但站在他身旁的安妮却抓住他的太空服，再次将他向前拉。

“请离开门向后站，一颗彗星即将来临，”Cosmos 说道，仿佛它是在车站宣布一列火车来临，“请不要站得太靠近边缘——彗星以高速行进。”

安妮轻轻地碰了一下乔治，并用脚指向大门。

“请离开门往后站，”Cosmos 又一次重复道。

“当我数到三……”安妮说。她伸出三根指头。在大门那一边，乔治可以看到一块巨大的岩石向他们飞来，比昨天打到视窗的那块小岩石要大得太多了。

“这颗彗星不会停止，”Cosmos 继续说，“它直穿我们太阳系。”

安妮弯下一只手指表示“二”。这块浅灰白色的岩石越来越近。

“旅行时间大约是 184 年，”Cosmos 说道，“它拜访土星、木星、火星、地球和太阳，在其回程还将拜访海王星、冥王星，后者现在已不再

被当作行星了。"

"请问,我美妙的 Cosmos,如果我们到外面的彗星上去,你能加速旅行吗?否则我们要花几个月才能看到这些行星!"Cosmos 还未来得及回答,安妮大喊一声"一!",她就抓住乔治的手,拽着他跨越了大门。

他最后听到的是 Cosmos 的声音，仿佛是数百万英里之外的呼叫。"不要跳！它不安全！回来……来……来。"

随后是一片寂静。

冥王星

- 在 2006 年 8 月之前，大家都说共有 9 颗行星围绕太阳公转：水星、金星、地球、火星、木星、土星、天王星、海王星和冥王星。当然这 9 个天体依然存在，和过去的它们一模一样，但在 2006 年 8 月国际天文学联合会决定不再把冥王星称作行星。它现在被称为矮行星。

- 这是因为行星定义的改变引起的。现在任何在太空中的物体可被称为行星必须满足三条规则：
  1）它必须围绕着太阳公转。
  2）它必须足够大，这样其引力可使它几乎是球状并保持这种方式。
  3）当它围绕太阳公转时，它的引力必须把太空中邻近它的几乎所有东西都吸引过来，这样它的轨道就被清扫干净。

- 根据这个新的定义，冥王星不再是行星。它是否围绕着太阳公转？是的。它是否几乎是球状的，并且这样保持着？是的。它是否清扫了它围绕太阳的轨道？否，在它公转的轨道上存在许多岩石。于是，因为它不符合第三条规则，冥王星已从行星降级成矮行星。

- 其余 8 颗行星符合这三条规则，所以它们仍然是行星。
  对于行星和除了太阳之外的恒星，国际天文学联合会还达成一个另外的要求：这个物体不能大到在以后的阶段自身变成一颗恒星。

- 围绕着不是太阳的恒星的行星称为外行星，迄今，观测到了 240 多颗外行星，它们中的大多数是巨大的——比地球大多了。

- 2006 年 12 月，一颗名叫 Corot 的卫星被送入太空。Corot 装备的检测器质量允许它发现比过去小很多，直至大约两倍地球尺度的外行星。2007 年用其他手段检测到一颗这类的行星。它被称作 Gliese 581 c。

第十章

在外面的街道上，林戈一伙仍然站在那里，仿佛被某种看不见的力量钉在人行道上。

“那是什么？”一个瘦小的外号叫小灵狗的男孩问道。

“不知道，”一个大块头的男孩抓着头说，他们都叫他“坦克”。

“哦，我没被吓着，”林戈挑衅地说。

“我也没有，”所有的小孩很快地齐声附和。

“我正想和那个穿太空服的怪人说句话，他却吓跑了。”

“是，是，是，”他的同伙连忙赞同，“正是，林戈，你的确正在想。”

“那么，我想，”林戈继续说，“你”——他指着团伙中最新的成员，“应该去按这个门铃。”

“我？”他吃惊

地倒吸了一口凉气。

“你说了,你没被吓着,”林戈说。

“我不怕！”他短促地尖叫。

“那么你去按门铃,去吧！”

“你为什么不按呢？”这新来的男孩问道。

“因为我先要你去。去！”林戈盯着这男孩。“你想成为这圈子里的成员吗？”

“想!”男孩说道,心里琢磨着哪个选择更坏些——遭遇太空人并受到外星人的诅咒,或者惹林戈发怒。他勉强接受了太空人——至少在学校里,他不必每天见到太空人。他艰难地朝埃里克的前门挪动着脚步。

“按门铃呀,基特。”林戈说道,“否则你将被这个圈子开除。”

“行。”基特嘟哝着,他也不太喜欢自己在这个圈子里特别的新名字。其他的人都往后退了几步。

这个新来的男孩的手指在门铃上徘徊着。

“林戈,”其中的一个孩子忽然问道,“如果他打开了门,我们怎么办？”

“我们怎么办?”林戈重复着问话,试图找到答案。他仰望天空,仿佛为了寻求主意。“我们准备……”林戈甚至已不像平时那么自信,那么凶暴。他还来不及找到答案,就突然大声喊痛,啊……”他的耳朵被一只手揪住,并被那只手用力地拧着,他痛得尖声大叫。

“你们这些男孩在街上游荡,胡闹什么？”有人严厉地呵斥着。这正是雷帕博士——林戈和乔治学校的老师。他紧紧揪着林戈的耳朵,显然还没有松开的意思。在校园之外看到老师,男孩们都大吃一惊。——他们从未想到老师实际上也有其他的生活,或者除了他们的教室,老师还会去别的地方。

“我们没做没事。”(林戈英文实在是太糟糕了,他的意思是:我们什么也没做)林戈尖声地说。

“我以为你是想说，我们没有惹是生非。”雷帕博士以老师的口吻纠正道，“这无论如何不是真的。你显然做了某些坏事。如果我发现那些坏事，比如欺负较小的孩子——就像乔治……”雷帕博士非常严厉地盯着所有的男孩，看他们听到乔治名字时是否退缩。

“肯定没有，肯定没有。”林戈说。他害怕耳朵会被老师扯断。

“他把午餐盒落在学校里了，”小灵狗很快地说。

“我们要赶在他到家之前交还给他，”基特，那个新来的小男孩又加上一句。

“你们交给他了吗？”雷帕博士带着一丝恶毒的微笑，稍微放松林戈的耳朵。

“我们正要把它交还时，”林戈临时编造着，“他走进那个房子。”他指着埃里克的前门，“这样，我们就去按门铃，把它还给他。”

雷帕博士突然放开林戈的耳朵，让他跌倒在地。

“他进那里去了？”雷帕博士斩钉截铁地问。此时，林戈摇摇晃晃地再站起来。

“是。”所有的人一起点头。

“孩子们，”雷帕博士慢慢地说，“你们何不让我拿着乔治的饭盒，我将把它交还他。”他在口袋里摸索着，掏出一张皱皱巴巴的5镑票子，在他们的鼻子前晃了晃。

“谁拿着那个饭盒？”林戈问。

“我没有。”小灵狗立刻说。

“我没有。”坦克咕哝着。

“那么一定是你。”林戈指着基特说。

“林戈，我从没拿过……我没有……没有……”此刻基特十分恐慌。

“很好！”雷帕博士盯着这四个人说道，他将钱放回口袋。“要是那样的话，我想你们最好快滚开。你们听见了吗？滚！”

这些孩子一下子就跑光了——他们不需要吩咐第二次，雷帕博士站在街道上，得意洋洋地奸笑着，那是一副可怕的样子。他查看了附近有无他人进出，然后走近埃里克的前窗，眯起眼睛往里看。窗帘已经遮上了，他只能透过缝隙看。他不能看到很多东西，只看到两个形状奇怪的，模糊不清的人。他们站在房子里，似乎靠近某种像门道的地方。

“有趣，”他低声地自言自语道，“非常，非常有趣。”

突然间，街上的温度剧烈下降。一瞬间，可以感到北极来的寒流沿街吹过。奇怪的是，刺骨的寒风似乎是从埃里克前门底下钻出，而当雷帕博士正想弯腰探个究竟，寒流却没有了。当他返回窗口观看时，那两个人已经走了，里面那个类似门道的东西也不见了。

雷帕博士自个儿点点头。“啊，太空的寒冷——我是多么渴望去体验它呀，”他嘀咕着，揉搓着双手，“埃里克，我终于找到你！我知道总有一天，你会回来的。”

第十一章

当乔治跨过大门的门槛，他发现自己正在太空广袤巨大的黑暗中飘浮，既不是上升，也不是下降，而只是在移动。他回首看那门口，原先应在那里的洞已被封闭了，仿佛从未有过似的。现在已经无法回去了，而巨大的岩块正不断地越飞越近。

“握住我的手！”安妮向乔治喊道。她的手裹在太空手套里，当乔治更用力地抓住她的手时，他开始觉得，他们似乎正在向那颗彗星下落。乔治和安妮运动得越来越快，仿佛坐在巨大的螺旋滑梯上，沿螺旋轨道向这块巨石飞去，不断地越靠越近。他们可以看到，在下面，彗星的一面因对着太阳而非常明亮，而另一面因无阳光照射而处于黑暗之中。终于，在冰尘覆盖的碎石厚层之上，他们叠摞着陆。幸运的是，他们下落在彗星明亮的一面，因此可以看到周围的东西。

“哈……哈……哈……哈！”安妮从碎石堆里钻出来时，哈哈大笑。她拉起乔治，并拂去他身上的冰屑岩石碎片。“怎么样？”她说道，“你现在相信我了吗？”

“我们在哪里？”乔治问道，他那么惊讶，甚至完全忘记了恐怖。他觉得身子极轻，环顾四周，看到岩石、冰雪和黑暗，就好像是站在某人扔向太空的巨大雪球上。到处都是恒星冒出的火焰，暴烈的光辉，这

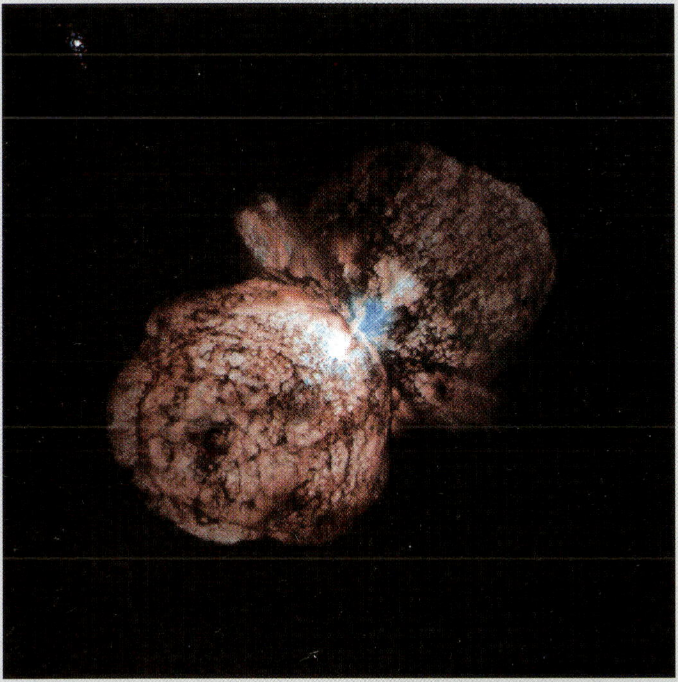

在这两个巨大的凸起中间，有一颗恒星称为 η 船底座，它比太阳大 100 倍左右。光从 η 船底座传播到地球约需 8000 年。

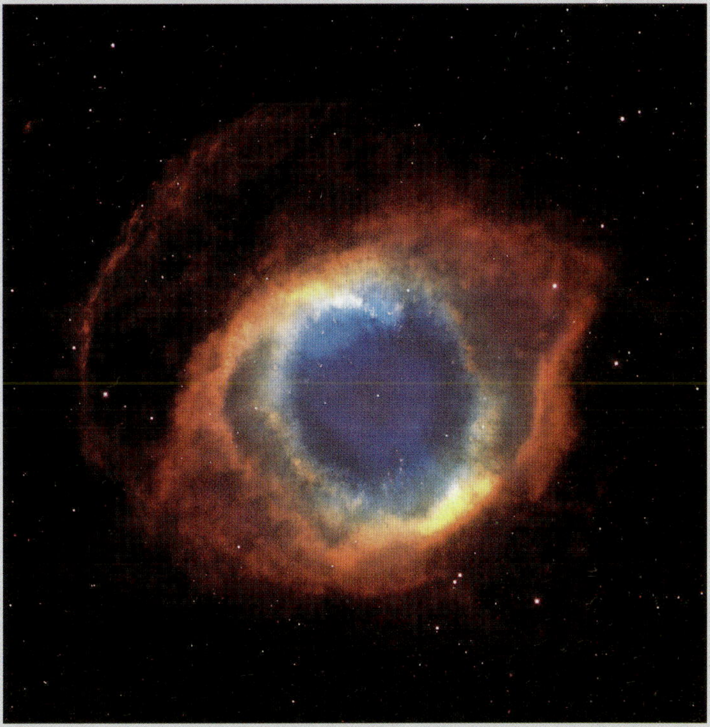

螺旋星云是一种行星状星云（是在恒星接近它的生命末期所释放出的尘埃壳层），光从螺旋星云传播到地球需要 650 年。

这个行星状星云(NGC　2440)中心的恒星是已知的最热的一颗，其表面温度为 200 000℃(360 000℉)。当它寿终正寝时，它脱去外层，形成环绕的气体云，光从 NGC 2440 传播到地球要花上约 4000 年。

1996年，百武彗星在距地球940万英里(1500万km)以内穿行，是20世纪最亮的一颗彗星。

哈雷彗星每隔76年左右在地球上可以看见。这张照片拍摄于1910年。

1986年的哈雷彗星。

斯旺彗星(Comet　Swan)不会再回到地球附近。它的路径显示，它将进入远离太阳的星际空间。再过很长的时间可能抵达另一颗恒星。

2005年1月12日，名为"深度撞击"(Deep Impact)的太空船从美国弗罗里达州卡纳维拉尔角(Cape Canaveral)发射升空(右图)。它装有一台"撞击器"(左图)，该"撞击器"被用来撞击名为坦普尔Ⅰ号(Tempel Ⅰ)的彗星，以探测彗星的成分。彗星是来自早期太阳系的残留物，因此获知它们的成分就能得到有关太阳系变迁的信息。

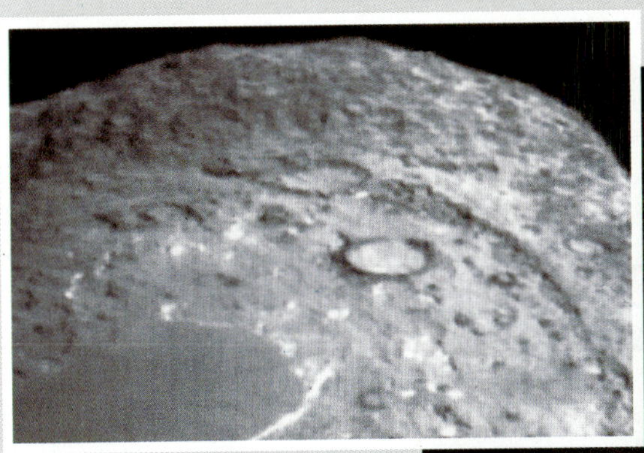

当撞击器以22000英里/小时(36000km/h)飞向目标时拍摄的坦普尔Ⅰ号彗星照片。2005年7月4日发生撞击。

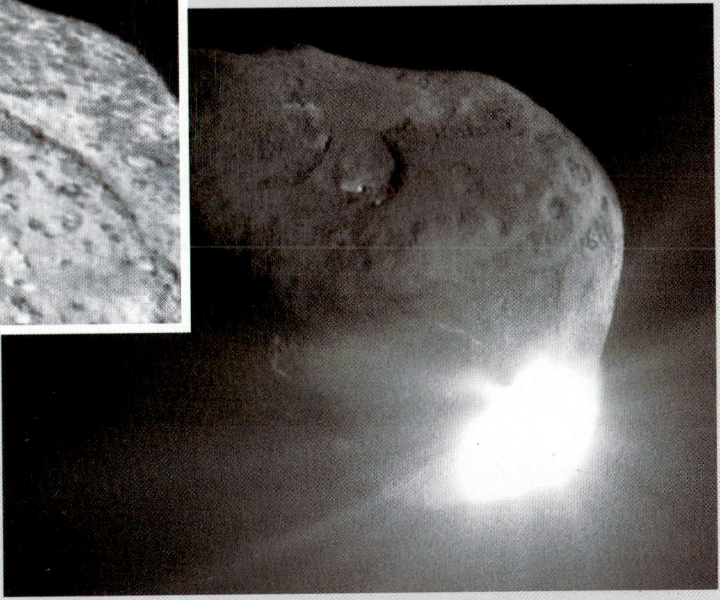

撞击器撞击坦普尔Ⅰ号彗星后1.67秒，"深度撞击"(Deep Impact)太空飞船摄下了这幅彗星表面爆炸的照片。

迄今摄制的土星的最大最清晰的真色图像。

在地球上透过小型手提式望远镜观看的土星景象。

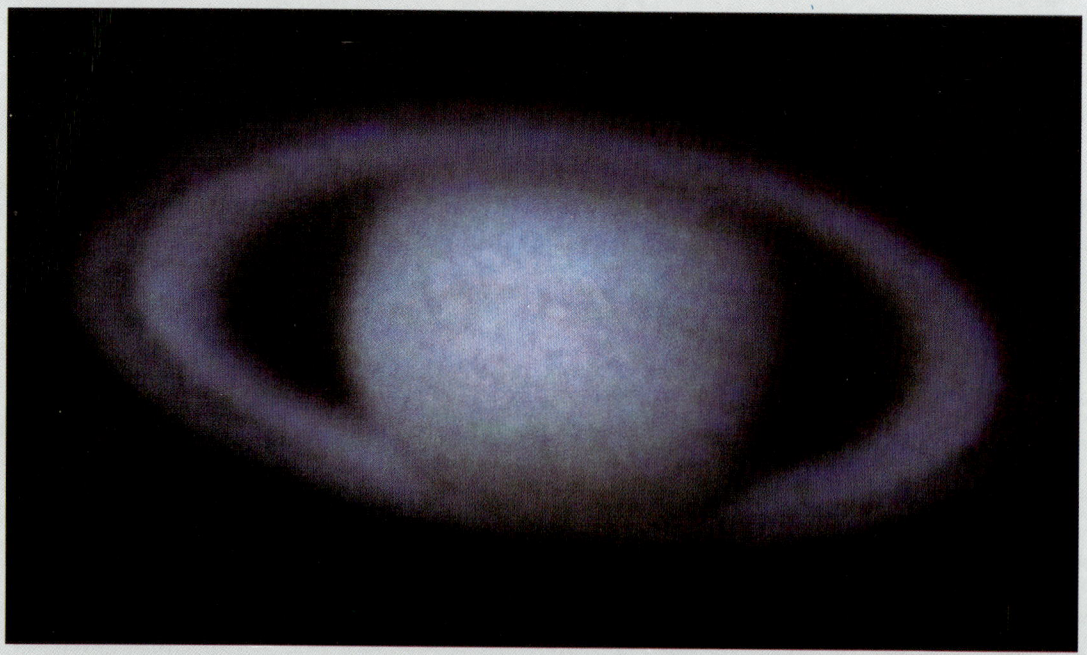

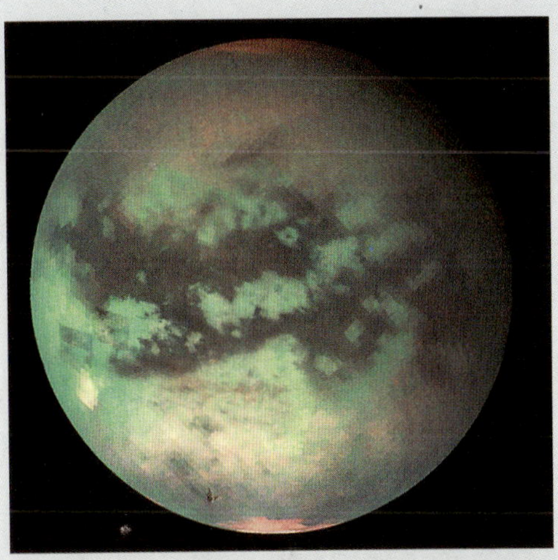

土卫六是土星最大的卫星，是太阳系中唯一的已知有浓密大气的卫星。这是它的红外线照片。

土卫五是土星的第二大卫星，看来不像地质活跃的样子。

土卫八是土星的第三大卫星，这幅图像中引人注目的大量的陨石坑区被称为卡西尼区(Cassini Region)。

土卫四是土星的第四大卫星，它的表面主要是由水冻冰块构成。

土卫三是土星的第五大卫星，大概也是由水冻冰块构成。

这是由紫外光、绿光和红外光构制的土卫二图像。土卫二是土星的第六大卫星，其表层温度约为 -200℃(-328℉)，但是在表层之下可能有水

质 量

- 物体的质量用移动它或者改变它运动方式所需要的力来度量，通常利用一个物体的重量来测量它的质量，但质量和重量是不同的。一个物体的重量是它被另一个物体，比如地球或月亮吸引的力，重量依赖于两个物体的质量，以及它们之间的距离。你在山顶的重量要稍微轻一些，因为你离开地心较远。

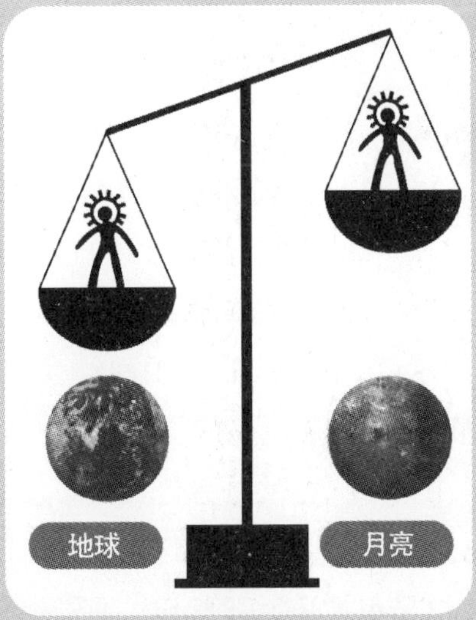

因为月亮的质量比地球的质量小得多。一位在地球上重约 90 千克（大约 200 磅）的航天员，在月亮上只有 15 千克（33 磅）的重量。这样，在月亮上的航天员，经过正确的训练，可以打破地球上的任何跳远记录。

- 爱因斯坦是一位德国物理学家，他出生于 1879 年。他根据著名的方程 $E=mc^2$，这里 E 是能量，m 是质量，c 是光速，发现能量等效于质量。因为光速非常大，爱因斯坦和其他人意识到，这个方程说明，人们可以制造原子弹，在原子弹爆炸中，很小的质量被转化成巨大的能量。

- 爱因斯坦还发现质量和能量使空间弯曲，产生引力。

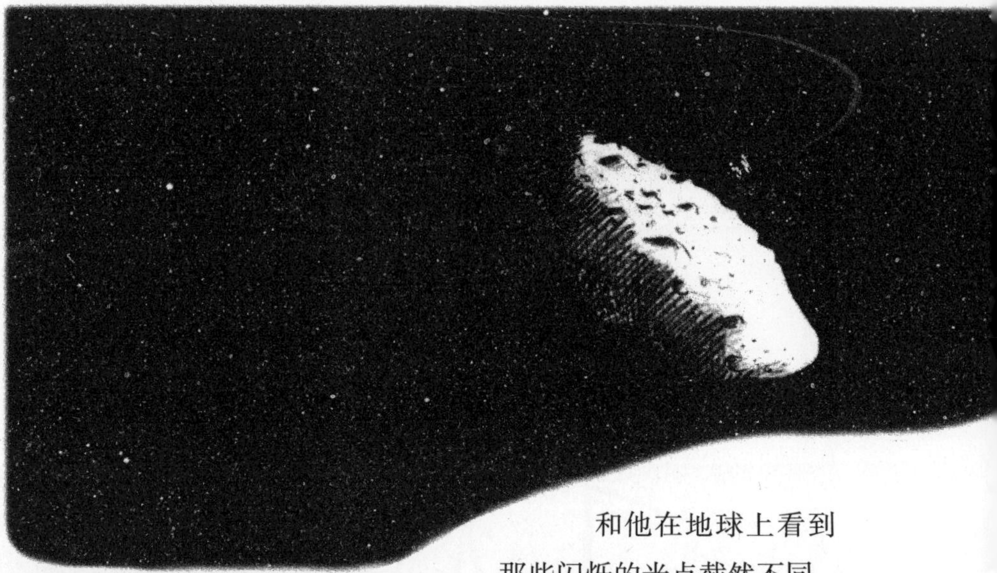

和他在地球上看到那些闪烁的光点截然不同。

“我们正在探险，”安妮回答，“在一颗彗星上，这是真的，而不是一个编造的故事，对吧？”

“是的，这不是编造的。”乔治承认，他笨拙地拍拍她的太空服，“我很抱歉，我以前不相信你，安妮。”

“没事。”安妮大方地说，“没人相信过。这就是为什么我必须向你展示的原因。瞧，乔治！”她挥手向四周致意，“你将看到太阳系中的一些行星。”她开始从乔治的太空服口袋里拉出一段绳索。绳子的一端有一个尖头，就像是支撑帐篷的一个桩子。她用自己的太空靴将尖头踩入彗星表面的冰里。

乔治注视着她，高兴地蹦跳。他穿的太空服在地球上感到颇重，但他不能相信现在竟然感到这样轻。他觉得，自己想跳多高就能跳多高。他又轻而易举跳过彗星表面的一个小裂缝。这次他往上并往前跃起，但他却不能下落。他似乎跨出一大步，这一步也许长达几百米！他再也不能找到安妮了……

“救命呀！救命呀！”乔治通过头盔高喊。随着这一跳，他被抛得

越来越远。他想回到彗星表面上来，他的手臂在周围的虚空中飞快地旋转着，但一切都是徒劳的。当他回头看时，只能勉强看到安妮，她离得太远了。彗星表面在他的下面快速地通过。他看到处处都是洞和小山丘，但却抓不住任何东西。最后他似乎要落下来。现在彗星表面越来越近。他着陆并开始在彗星明暗交界处的冰上滑行。他看到安妮从远处小心地朝他跑过来。

“如果你能听到我的话，就不要再跳了。”她非常焦急地说，“如果你能听到我的话，就不要再跳了！如果你能……”

“我不再跳！”当她到达时，他回应道。

“乔治，不要那样做！”安妮说，“你有可能落到彗星黑暗的那一边去。那样的话，我也许永远找不到你了。现在你站起来——你的靴底的前半部有小钉子。”她听起来非常成熟，完全不像他在埃里克房子

里遇到的那个淘气的小姑娘。“彗星和地球不同，我们的重量比在地球上轻得多。这样，当我们一跳跃，就会跳得非常非常远。这是一个完全不同的世界。噢，看！”她又说了一句，然后就改换话题。“我们刚好赶到。”

“为什么是刚好赶到？”乔治问道。

“为了那个。”安妮指着彗星的另一面。

彗星的后面拖着一条冰和尘埃的尾巴，它正不断地在拉长。随着尾巴变长，它从遥远的太阳那里捕获光，这闪亮的彗尾跟随着彗星，看起来犹如成千上万的钻石在太空闪耀。

“真美丽。”乔治小声说。

安妮和他默不作声地在那里站了一会儿。乔治看到彗星的尾巴变长，他意识到，这是由彗星明亮的那一面的碎片构成的。

“岩块正在融化！”乔治恐慌地说，紧紧地抓住安妮的手臂，“如果全部融化将会发生什么？”

“不要担心。”安妮摇摇头，“我们正在接近太阳。太阳慢慢地把彗星亮的那一面加温，冰会转变成气体。但这里有足够的冰，可以让我

们很多次地经过太阳,所以不会有什么事的。冰下面的岩块反正不会熔化,这样我们就不会突然掉到太空中去,如果这是你所害怕的。”

“我不害怕！”乔治反驳道,忽然放开她的手臂,“我只是问问。”

“那么就问更有趣的问题！”安妮说。

“比如说？”乔治问。

“比如说,如果彗尾中一些岩块落在地球上又会发生什么？”

乔治踢了踢附近的尘土,挺勉强地说:“行,那会发生什么？”

“这个问得好！”安妮说,她的声音显得很高兴,“当岩块进入地球大气层时,它会着火。而从地面上看,它们就变成了我们称为流星的东西。”

他们站在那里,凝视着,直至彗尾变得那么长,甚至看不到尾巴的终端。但正当他们观察时,彗星似乎开始改变方向:背景上的恒星全部在运动。“发生了什么？”乔治问道。

“快！”安妮回答,“我们只有几秒钟了。坐下,乔治。”她用手套快速地将冰末拂到一旁,在冰面上清出两块很小的地方。她将手伸进太空服的另一个口袋,拎出一个类似攀登钩的东西。“坐下！”她再次命

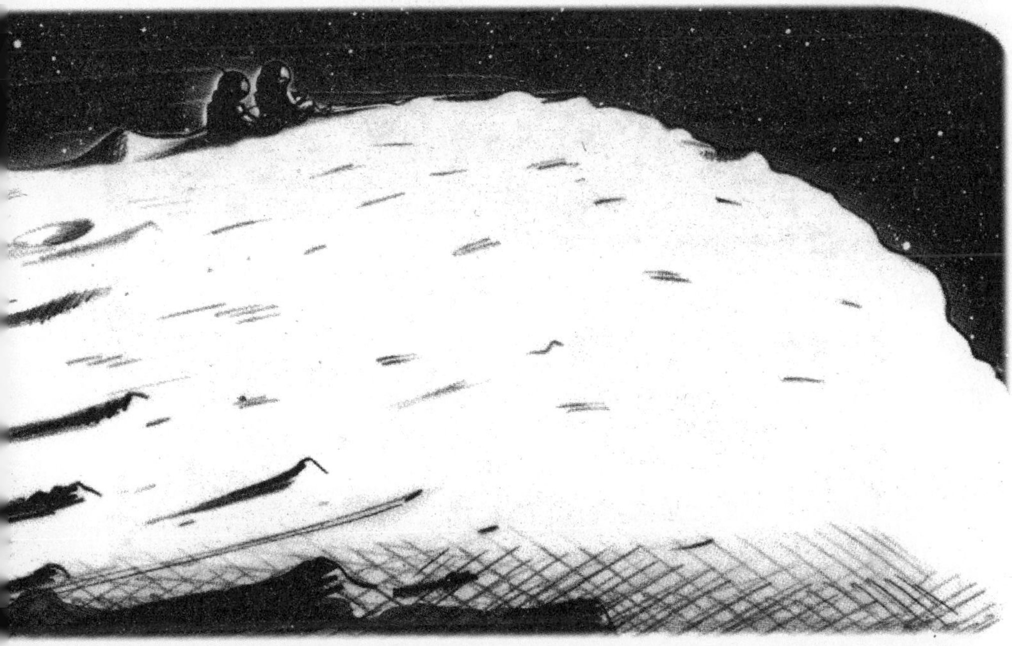

令道。她把钩子旋入地面，然后将它们系在一段很长的绳子上，而这绳子从乔治太空服扣环上飘下。“以防万一有什么东西击中你。”她又加上一句。

“比如说什么东西？”乔治问道。

“嗯，我不知道。我爸爸通常都是这样做。”她答道，然后她坐在乔治的后面，并将钩子也系在自己太空服的绳索上，“你喜欢云霄飞车吗？”

“嗯，我不知道。”乔治说，他从未坐过。

“嗯，你很快就知道了。”安妮笑着说道。

彗星肯定正在下落——或者至少是朝着似乎是“下”的那一方改变方向。根据所有恒星绕它运动的方式，乔治明白彗星正飞快地下落。但他没有任何感觉——他没有感到恶心，也没有任何气流快速地流过。一点都没有他想象中的乘坐云霄飞车的感觉。但他意识到太空中的事物和地球上呈现的方式不同。

为了确信他是否真能感觉到什么，乔治闭了一会眼睛。但就是没有，一点也没有。忽然，他意识到太空中的某种东西很可能正把他们和彗星拉去，因为彗星正以那种方式改变方向。此时他还闭着眼睛。乔治本能地知道，这某种东西可能比他和安妮坐在上面穿越太空冲浪的彗星还要大得非常非常多。

彗 星

- 彗星是巨大的肮脏的不很圆的雪球，它围绕着太阳旅行。它们是由恒星爆炸创生的元素组成的。这种恒星在比我们太阳诞生早很久的年代里发生爆炸。人们相信，宇宙中存在着 1 千多亿颗彗星，它们离太阳非常远，等待着靠近我们。但是只有当它们飞到离太阳足够近时，才出现明亮的尾巴，这时我们才能看见它们。迄今为止，我们实际上总共才看到大约 1000 颗彗星。

- 已知的最大的彗星具有一个中心核，这中心核从这一边到另一边长 20 多英里(32 千米)。

- 当它们靠近太阳时，彗星中的冰转变成气体。并释放出被捕获在内的尘埃。这种尘埃也许是整个太阳系中存在的最古老的尘埃。它含有早于 60 亿年前的，在所有行星寿命的最开初的，我们宇宙邻居的线索。

在绝大多数时间里，彗星在非常遥远的地方（比地球离开太阳要远得多得多）围绕着太阳循环。时不时地，其中的一颗彗星开始朝太阳飞来。那么存在两种可能性：

1）有些，例如哈雷彗星，将会被太阳引力捕获。这些彗星随后将围绕太阳公转，直至它们完全融化或者撞到一个行星上。哈雷彗星的核大约是 9.6 英里（16 千米）长。而且大约每隔 76 年它回归一次。回归时，它可以靠太阳足够近，近到使它融化掉一点，我们还能够看到它出现的尾巴。1986 年它靠近我们，下一次回归是 2061 年。被太阳引力捕获的彗星中的一些，回归太阳附近的机会则要稀罕得多。例如，百武彗星将旅行 110 000 年才能回归。

2）其他的一些彗星，例如天鹅彗星，由于它们速度太快或者由于它们的旅途不足够接近太阳，它们永不回归。它们曾经在我们旁边经过，而后在太空中朝着其他恒星开始了一个漫无边际的旅程。它们在恒星之间的旅行可花费几十万年，有时短一些，有时甚至更长一些。

第十二章

当乔治再次睁开眼睛，他看到前方有一颗巨大的浅黄色的带有光环的行星正从黑暗的天空中升起。他们坐在彗星上飞驰而去，向着这些光环正上方的某一点。从很远的地方，这些光环看起来就像是许多柔软的丝带。有些环是浅黄色，如同行星本身的颜色；而其他环的颜色更深一些。

“这是土星，”安妮说，“而我首先看到了它。”

“我知道它是什么！”乔治回答，“你说的首先是什么意思，我在你之前，我首先看到了它！”

“不，你没在看，你太害怕了！你的眼睛一直都是闭着的。”安妮的声音在头盔中嗡嗡作响。“那……那……那……那……那。”

“不，我没闭！”乔治反驳道。

“嘘！”安妮打断他，“土星是围绕着太阳旋转的第二大行星，你知道吗？”

“我当然知道了。”乔治在说谎。

“噢，真的？”安妮回答，“如果你知道这个，那么你就应该知道哪个行星是所

有行星中最大的。”

“呃……”乔治茫然地说道，“地球，对吗？”

“错了！”安妮吼道，“地球是小小的，正如你那个小傻脑袋瓜，地球才排在第五。”

“你怎么知道？”乔治问。

“我怎么知道你有一个小傻脑袋瓜？”安妮放肆地说。

“不，愚蠢，”乔治暴怒道，“你怎么会有行星的知识？”

“因为在此之前，我已经做过好多次这样的旅行了。”安妮说着，往后扬头，仿佛要把马尾辫甩到后面去。“让我告诉你，仔细听着！”她命令道，“有八颗行星围绕着太阳旋转。四颗大，四颗小。那四颗大的

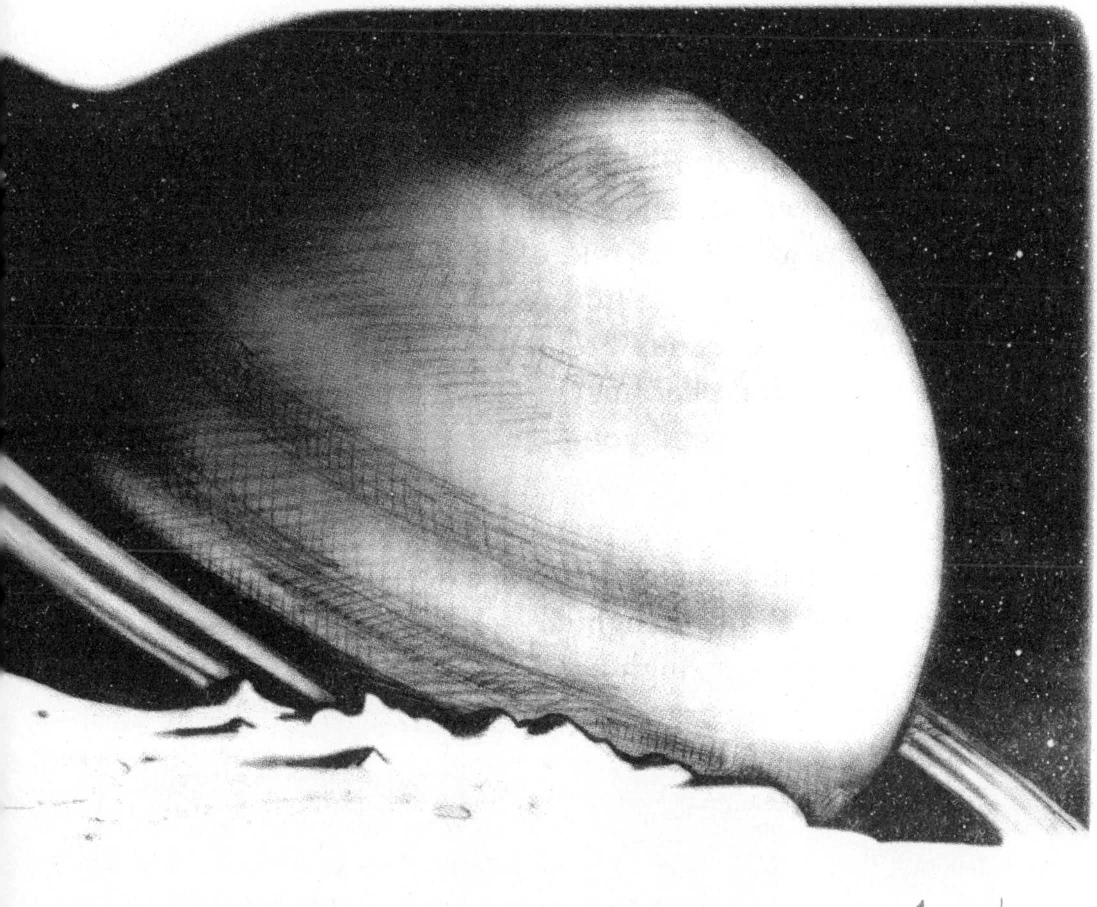

太阳系

- **太阳系是我们太阳的宇宙家族。它包括所有被太阳引力捕获的物体：行星、矮行星、月亮、彗星、小行星和其他有待发现的小物体。被太阳引力捕获的物体是指围绕太阳公转的物体。**

- 离开太阳最近的行星:水星
- 水星离太阳的平均距离是3 600万英里(5 790万千米)。
- 离太阳最远的行星:海王星
  海王星离开太阳的平均距离是28亿英里(45亿千米)。

> 地球离开太阳的平均距离是9 300万英里（1 4960万千米）。

- 行星的数目:8
- 从最接近太阳的行星数起:水星、金星、地球、火星、木星、土星、天王星和海王星

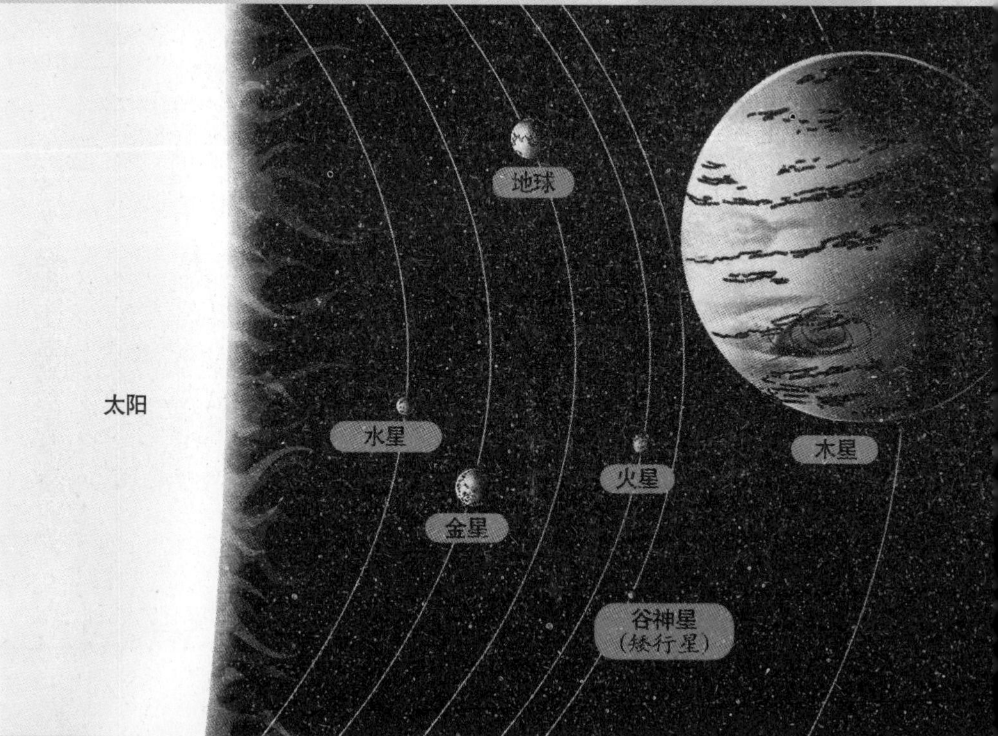

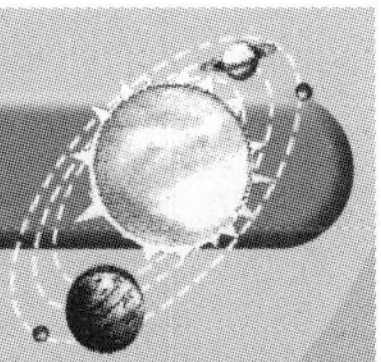

- 矮行星的数目:3
- 从最接近太阳的矮行星数起:谷神星、冥王星和阋神星
- 已知行星月亮的数目:165
  水星:0;金星:0;地球:1;火星:2;木星:63;土星:59;天王星:27;海王星:13
- 已知彗星的数目:1 000(估算的实际数目:1 000 000 000 000 000)

人造物体旅行的最远距离：多于 93 亿英里（149.6 亿千米）。93 亿英里是航行者一号在 2006 年 8 月 15 日上午 10 点 13 分（格林尼治时间）达到的。这准确地对应于地球到太阳距离的 100 倍。现在航行者一号仍然在向外旅行。

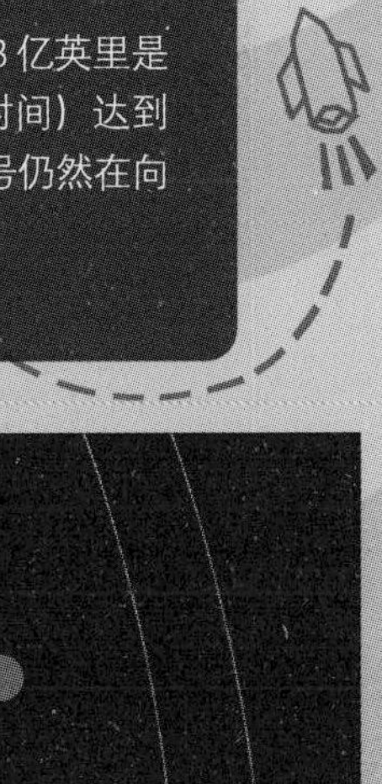

是木星、土星、海王星和天王星。但其中的两颗要比另外的大得更多，所以它们被称为巨行星。土星是巨行星中第二大的，它们当中最大的那颗是木星。四颗小行星是火星、地球、金星和水星。”她继续说着，用手指一一点数，“地球是小行星中最大的，但如果你把这四颗并成一个球，仍然比土星还小得多。土星比这四颗小行星加在一起的四十五倍还要大。”

安妮显然乐意炫耀她的行星知识。尽管乔治对她那得意洋洋的样子十分厌烦，但私下里却对安妮所讲的印象深刻。他过去所做的一切只是挖土豆、在后花园里和猪混日子。根本无法与乘着彗星绕太阳系旅行相提并论。

在安妮说话时，彗星飞得越来越靠近土星。他们靠得很近，乔治甚至可以看到那环不是由丝带组成，而是由冰块和岩石构成的。这些东西大小不同，最小的也就一粒尘土那么大，最大的约四米长。它们中的大多数运动得太快，乔治无法抓住。然而，他看到一块小岩石正在他身旁安静地飘浮。他向后瞥了一眼，发现安妮并没有看着他。他戴着太空手套的手伸出去抓住了这块岩石，并握住它。这是从太空来的真正的宝贝。他的心咚咚地狂跳着。他想安妮肯定通过他头盔中的传声器听到了他的心跳声。他怀疑可能不许将太空的东西带回去，因而他希望安妮没有注意到。

“乔治，你好吗？”安妮问道，“为什么你那样扭动身体？”

乔治正在把石头塞进太空服的口袋里，他迅速地想出了说词，把

她的注意力引开。

“为什么我们改变了方向？为什么我们的彗星向土星运动了？为什么我们没有继续向前去？”他急促而不清楚地问道。

“天哪，你根本什么都不懂，你懂吗？”安妮叹息着，“你运气真好，碰巧我的有用的科学知识多得取之不尽，”她又郑重地加上一句，“因为我们正朝土星下落，所以我们对着它运动。正如一个苹果落在地球上一样；正如我们到达彗星时，落在它上面一样；正如太空云中的粒子互相落在一起，成为球体，球再成为恒星。每个物体都向宇宙中的每个物体落去，你知道引起这种下落的东西叫什么吗？”

土 星

- 土星是离开太阳第六近的行星。
- 离开太阳的平均距离：88 800 万英里（143 000 万千米）
- 赤道直径：74 898 英里（120 536 千米），对应于 9.449 倍地球赤道直径
- 表面积：83.7×地球表面积
- 体积：763.59×地球体积
- 质量：95×地球质量
- 赤道上的引力：地球赤道上地球引力的 91.4%

土星要花费 29.46 地球年才围绕着太阳循环一周。

- 结构：热的岩石核被液态金属层包围着，后者又被液态氢和液态氦层所包围。接着一个大气层将它全部包围住。

- 在土星的大气层中记录下的风速达到每小时 1116 英里（每小时 1795 千米）。与此相比，在地球上有记录的最强风是每小时 231 英里(每小时 371.68 千米)，它发生在 1934 年 4 月 12 日，美国新罕布什尔州的华盛顿山上。人们相信，在飓风的内部有时风速可超过每小时 300 英里(每小时 480 千米)。然而，不管这些飓风多么具有毁灭性，和土星的风相比仍然非常慢。

迄今，土星拥有 59 颗确认的月亮。其中 7 颗是球形的。土卫六，这颗最大的，是在太阳系中已知的唯一具有大气的月亮。在体积方面，土卫六比我们的月亮的三倍还要大。

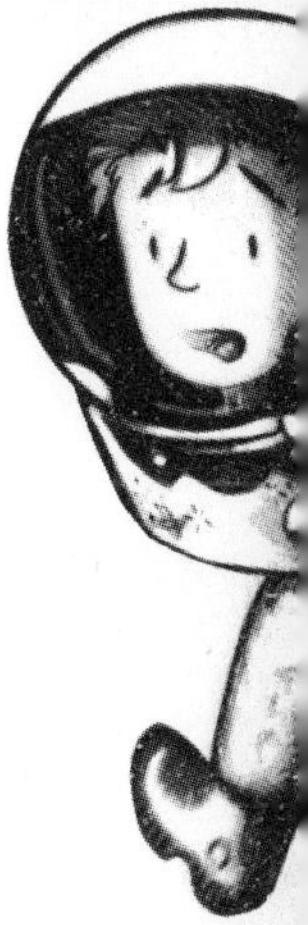

乔治茫然无知。

“这叫引力。”

“那么正是因为引力，我们就要落到土星上去？并且撞毁？”

“不，愚蠢！我们运动得这么快，根本不可能撞毁。我们只是从边上掠过去向它问声好。”

安妮向土星挥挥手，并大喊道：“你好，土星！”她的声音这么响，乔治不由自主地要捂住耳朵。但因为头盔，他的手却够不到他的耳朵。他只得大声向她呵斥，“不要大叫。”

“噢，对不起。”安妮说道，“我本不想那样。”

当他们飕飕地飞过土星，乔治明白了安妮是对的——彗星并没有直接下落到行星上去，而是从旁边行驶过。现在的距离这么近，他能看到土星不仅有环，还和地球一样，有颗月亮。再仔细看，他几乎不相信自己的眼睛！他看到了另一个月亮，又一个月亮，还有一个！土星离得越来越远了，他不可能一直数下去，但他已经看到了五个大月亮，还有更多的小月亮。他想，土星至少有五个月亮！在此之前，乔治根本不知道，除了地球之外，一颗行星甚至可以有一个月亮，更不用说有五个月亮了！这颗巨大的行星和它的光环，在他们背后往远处退缩，并显得越来越小，最后，在满天星斗的背景下，只剩下一个光点，乔治一直怀着崇敬的心情看着它。

第十三章

现在彗星重新笔直地旅行。在他们之前，太阳比以前更大更明亮，但比起在地球上看到的，还是相当小。乔治发现另一亮点。在此之前，他并没有注意这个亮点。随着他接近这一点，它就很快地变得更大。

“那边是什么？”乔治指着右前方问道，“那是另一颗行星吗？”

但他没听到回答。他环顾四周，安妮已经走了。乔治脱开了彗星的表面，循着她在冰末上留下的脚印。他仔细地估量步伐的长度，这样就不至于再次飞离彗星。

乔治小心地爬上一座小冰山后，看见了安妮。她正盯着地上的一个洞。洞的四周都是零碎的岩石，似乎是彗星自己吐出来的。乔治走过去，也朝洞里看去。洞大约一米深，可底部却看不到什么东西。

“这是什么？”他问道，“你发现了一些东西吗？”

“呃，你知道，我去散步……”安妮开始解释道。

“你为什么不说一声就

走。”乔治打断了她的话。

“你对我喊叫，让我不要喊。”安妮说，“这样，我想我只有自己走，因为那就没人跟我生气了。”她尖刻地加上一句。

“我没有对你生气。”乔治说。

“你生气了。你总是生我的气。我对你好或对你坏都没用。”

“我没生气！”乔治喊道。

“你在生气！”安妮冲乔治回喊着。她戴手套的手握成拳头，向乔治挥舞着。当她这么做的时候，某些异常的事情发生了。就在她脚边的地上，吹起了气体和尘土的小喷泉。

“现在看看你都做了些什么！”乔治抱怨道。但他正说着的时候，另一喷泉正从紧靠着他身边的岩石上喷发，形成了一片尘埃的云，慢慢散开。

“安妮，发生了什么事？”乔治问道。

“嗯，没事。”安妮回答，“一切都正常。不要担心。”但听起来她并不确定，“我们何不回到原先待的地方坐下。”她提议道，“那儿更好些。”

但是当他们往回

走时，越来越多的尘埃小间歇喷泉在四周喷发，在空气中留下弥漫的烟雾。他们都觉得不很安全，但没人愿意说出来，只是越来越快地向原先坐着的地方走去。他们一言不发，直到再次将自己固定在彗星上。

在天空中，乔治看到过的那个不断增大的亮点，变得越来越大。现在它看起来像颗带有红蓝条纹的行星。

“那是木星，”安妮说道，打破了沉默。但现在她的声音很低。听起来不像以前那么自信地炫耀了，“它是最大的行星，大约是土星体积的两倍。这使得它比 1000 个地球的体积还大。”

“木星也有月亮吗？”乔治问道。

“是的，它有，”安妮回答，“但我不知道有多少个，上回我在这儿，没去数它们，所以我不清楚。”

“以前你真的来过这里？”乔治有些狐疑地问。

“我当然来过。”安妮愤怒地说。乔治不清楚是否应相信她的话。

彗星带着安妮和乔治开始再次下落。在他们下落时，乔治凝视着木星。即使按照土星的标准，木星也是巨大的。

当他们从木星边上飞过时，安妮指出木星表面上的一块巨大的红斑。

“那个东西，”安妮说道，“是一个巨大的风暴。它已经持续千百年了，也许更久些，我不知道。它超过地球尺度的两倍。”

当他们飞离木星时，乔治点数着他能看到多少颗月亮。

“四个大的。”他说道。

“四个大的什么？”

“月亮。木星有四个大的月亮和好多好多的小月亮。我想，它甚至比土星拥有更多的月亮。”

“噢，好啊。”安妮说，现在她的声音听起来有点神经质，“如果你这么说的话。”

乔治开始担心了——对他所说的任何事情都表示赞同可不是安妮一贯的做法。他注意到她拖着脚步更靠近他一些，并把她戴着太空手套的手滑进他的手套里。他们的四周，到处都有新从岩石里喷出的气体和灰尘的激流，每一道激流都吐出小云朵，一层薄雾形成并笼罩在整个彗星上。“你还好吗？”他问安妮。她已经不再炫耀和无礼，而他觉得一定发生了很糟糕的事情。

“乔治，我——“安妮开始回答，这时在他们身后，一块巨大的岩石猛地撞在彗星上，整个地面被震得像发生了一场地震，并把更多的灰尘和水发射成烟雾，向上升起。

乔治和安妮往上看，看见成百上千的岩石。这些岩石都快速向他们飞来。没地方可以躲藏。

“小行星！”安妮惊叫，“我们处在小行星暴中。”

木 星

- 木星是离开太阳第五近的行星。
- 离开太阳的平均距离:48360 万英里(77830 万千米)
- 赤道直径:88 846 英里(142 984 千米),对应于 11.209 倍地球赤道直径
- 表面积:120.5×地球表面积
- 体积:1321.3×地球体积
- 质量:317.8×地球质量
- 赤道上的引力:地球赤道上地球引力的 236%
- 结构:小(和整个行星结构的尺度相比较)岩石核被液体金属层所包围,随着高度增加,后者连续地转变成液态氢层。这些液体接着连续地转变成氢气构成的大气,大气把这一切都包围起来。尽管木星比土星大一些,但木星的整体构成和土星类似。

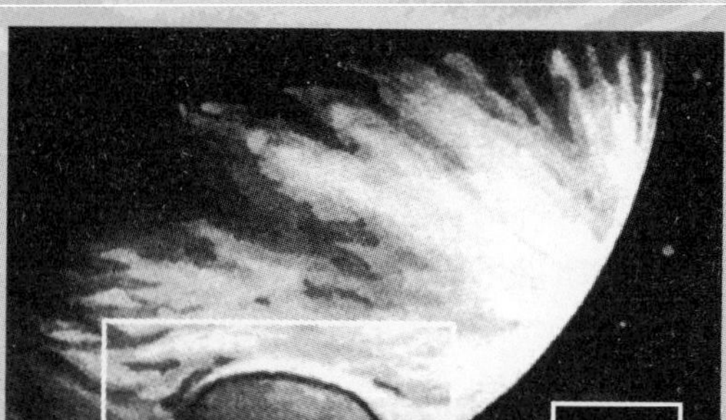

- 木星表面的大红斑是巨大飓风型风暴,这是持续了久于 3 个世纪的飓风(1655 年首次被观察到),但它可能已在那里更长的时间。大红斑风暴是巨大的:比地球尺度 2 倍还要大。木星上的风速经常达到每小时 620 英里(每小时 1 000 千米)。
- 木星要花费 11.86 地球年才围绕着太阳循环一周。
- 迄今,木星拥有 63 颗确认的月亮。其中 4 颗大到足以成为球形的,并且在 1610 年被意大利科学家伽利略看到。这些月亮都被称为伽利略月亮。它们是:木卫一、木卫二、木卫三和木卫四, 并且大小和我们的月亮差不多。

第十四章

“我们怎么办？”乔治大喊。

“没办法。”安妮尖叫。“我们什么也做不了！只有尽量不被砸烂！我要让 Cosmos 把我们弄回去。“

彗星以极快的速度在小行星群中疾驰。就在他们前面，另一块巨大的岩石打中彗星。小岩石雨点般地落在他们的太空服和头盔上。通过头盔中传声器，乔治听到安妮在惊叫。但惊叫戛然而止——噪声正像收音机被关掉那样突然停止了。

乔治试图通过传声器对安妮说话，但她似乎听不到。他转过去看她——他看见她正在玻璃头盔里努力地对他说着什么，但他一点也听不到。他声嘶力竭地喊：“安妮！把我们弄回家！把我们弄回家去！”但毫无用处。他能看到她头盔上的小天线从中间折断。这一定是他们不能通话的原因！那么这是否意味着她和 Cosmos 也无法对话？

安妮拼命地点头，并紧紧地抓住乔治。她尽可能地呼唤 Cosmos 快来将他们都接走。但电脑没有回答。正如乔治担心的，她和他以及 Cosmos 之间连接装置已经被雨点般落下的石头砸坏了。他们被困在彗星上，正在通过小行星暴飞行，而且看来无法逃离。乔治想自己和 Cosmos 通话，但不知道怎么去做，甚至也不知道他是否有那些装备。

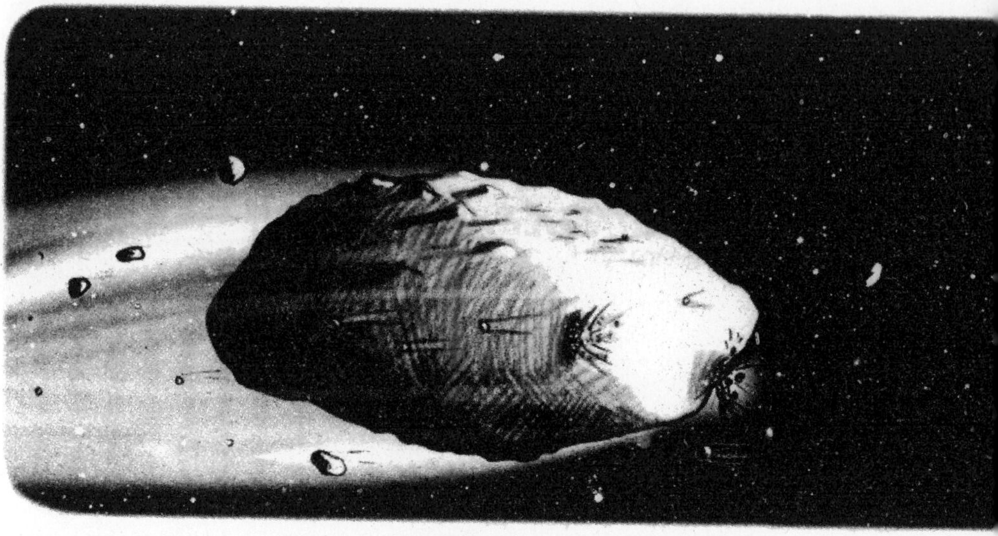

他没收到任何回音。安妮和乔治相互抱在一起，紧闭上眼睛。

但是小行星暴突然停止，就像它出现一样突然。刚才岩石还在他们四周重击着彗星，瞬间后彗星已经飞到小行星暴的另一边。环顾四周，乔治和安妮意识到能够逃离是多么的幸运。岩石形成巨大的线，似乎通过太空延伸至无穷。除了彗星飞越的地方，大多数岩石都很大，而且沿着那条线稀疏地散开。此处的岩石小得多，但也更稠密地聚集成团。

然而，他们离平安无事还非常非常远。现在处处涌现由彗星逸出的气体和喷流，很快就可能在他们正下方再喷出一个。现在所有爆发产生的烟雾使他们几乎看不到天空，只有太阳和一个模糊的蓝点正慢慢地变大。

乔治回首对安妮指着前方的蓝点。她点头并用戴着太空手套的手指在空中画着，拼出字母"E"。随着他们更接近那个蓝点，彗星稍微向它倾斜了一些，乔治忽然明白安妮要告诉他什么。E代表地球！在他前方，那微小的蓝点就是行星地球。和其他行星相比，它是这么小，也这么美丽。而这是他的行星和他的家。现在他要不顾一切地回到那

里去，就在这一刻就回去。他用太空手套在空中写出“Cosmos”，但安妮只是摇摇头，并用手指写出“NO”一词。

彗星上，他们周围环境每一秒钟都在变得更恶劣了。处处喷出成千上万的气体和灰尘的喷泉。他们俩挤在一起，这两位在太空中飘零的异乡人，还不知道如何才能逃离已经陷入的糟糕境地。

乔治奇怪地如梦般地想到，至少我从太空看到地球了。他希望自己能够回家告诉每个人，和其他行星球相比，地球是多么微小和脆弱。但现在他们还没办法回家。现在灰尘和气体的雾这么厚，他们甚至连地球的蓝色都看不到了。Cosmos 怎会让他们这么失望呢？

乔治正琢磨着，这是否就是他死前最后的想法，一个充满光明的大门忽然出现在他们眼前。一个穿

小行星带

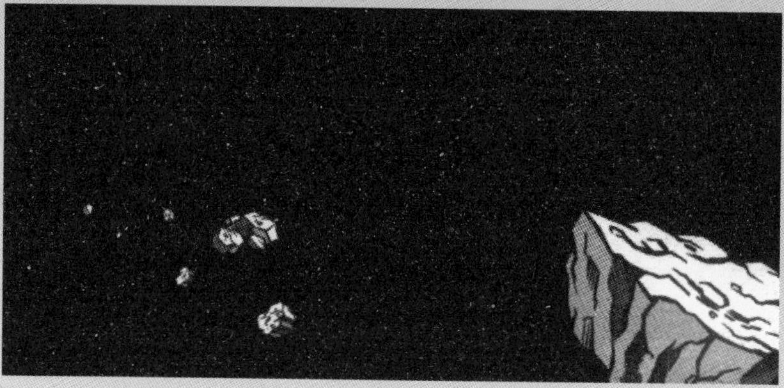

小行星是围绕太阳公转的物体，但它们没有大到足以变成球状，并不够格被称为行星或者矮行星。围绕着太阳，存在几百万个小行星：每个月发现5 000颗新的小行星。它们的尺度从岩石尺度几英寸到几百英里不等。

存在一个围绕太阳旋转的充满小行星的环。这个环处于火星和木星之间，称为小行星带。尽管在小行星带中有很多小行星，但这小行星带这么大，又散得这么开，所以那里的大多数小行星仍是孤独的太空旅行者。然而，在有些地方也许比其他地方密集些。

太空服的人从门里走出来。他将安妮和乔治自彗星上解下来，然后把他们俩挨个接出来，再把他们扔过门去。在极短的瞬间，先是安妮，后是乔治，扑通一声地落在埃里克书房地板上。抓住他们的那个人紧跟着进入大门。在他身后，大门砰的一声关上。他脱下太空服和头盔，低头盯着安妮和乔治。他们还穿着太空服，大字形地躺在图书馆地板上。埃里克吼道：

“你们到底(on earth)在胡闹什么？”

第十五章

“你们到底在胡闹什么？”

看到埃里克这样生气，在那一片刻，乔治甚至希望自己仍然待在像云霄飞车那样的彗星上，一直往太阳的中心冲去。

“实际上，我们不在地球上(on earth)。”安妮低声嘟囔着，她正努力地从太空服中挣脱出来。

“我听到了！”埃里克转身向她喊道。乔治以为埃里克已经愤怒到了极点，看他现在如此地暴怒，乔治甚至觉得他可能立刻就要爆炸，他几乎可以看到大量的蒸汽喷流从埃里克的耳朵里爆发出来，正像彗星上的那样。

“安妮，回到你的房间去。”埃里克命令道，“我一会再和你说。”

“但是，爹地……”安妮开口道。但在埃里克的怒视之下，甚至她都不敢吱声。她脱掉笨重的太空靴，再甩脱太空服，像一道金色的闪电冲出门去。“再见，乔治。”冲过乔治身旁时，她嘀咕了一句。

“至于你……”埃里克这样威胁的口吻令乔治毛骨悚然。但随后他就意识到，埃里克并不是在说他。埃里克阴森森地逼近 Cosmos，向电脑投去威胁的目光。

“主人，”Cosmos 机械地说，“我不过是一台卑微的机器。我只能

听命。”

“胡说八道！”埃里克大发雷霆，“你是世界上最棒的电脑！你竟然让两个孩子自己到太空旅行——如果我没在这时候回家，谁知道会发生什么事情？你能够，也应该阻止他们！”

“天哪！我想我要崩溃了，”Cosmos回答道，它的屏幕忽然黑了，一切都消失了。

埃里克抱着脑袋，摇摇晃晃地在屋子里转了一会儿。“我简直不能相信这件事，”他仿佛是在自言自语，“可怕，可怕！”他大声抱怨着，“这是一场怎样的灾难！”

“我非常抱歉，”乔治胆怯地说。

埃里克很快转过身来，凝视着他，“我是信任你的，乔治。”他说道，“如果我认为在我转身的一刹那，你会像刚才那样偷偷地从大门跑到太空去，那我将永远不会向你展示Cosmos。哼，还带一个更小的

孩子一起去！你根本不知道外面那个地方多么危险！”

乔治真想大声说，这不公平！这不是我的过错——这是安妮的过错，是她把他推过大门到太空去的，而不是他。但他并没说什么。他想即便不火上浇油，安妮的麻烦也已经够多了。

“太空里有许多你连想都不能想象的事情，”埃里克继续说，“非同寻常，迷人的，巨大的，惊人的东西，但那是危险的。那是如此的危险。我将会把这一切都告诉你，但现在，我准备……”他摇摇头，“送你回家。”然后，埃里克说出了一句令人害怕的话，“我有一句话，要和你父母谈一谈。”

正如乔治后来发现的，埃里克和他的父母不止说了一句。事实上他谈了相当多。那些话足以使他们对自己的儿子非常失望。他们很痛苦地看到，尽管他们已经尽力教育乔治热爱自然，憎恨技术，但他在埃里克家中玩电脑却被当场抓获，而那还是一台非常贵重精巧的，根本不让小孩去碰的电脑。更糟糕的是，乔治发明了某种游戏(在这点上埃里克说的相当模糊)，他说服安妮参与，而这游戏非常危险，而且非常愚蠢。因此在一个月内，这两个孩子不准外出，也不能一起玩。

“嘿，好啊！”当他父亲告诉他将受到什么惩罚时，乔治说道。这时刻，他根本不想再见到安妮。她让他陷入这么多麻烦里，而乔治却要独自面对所有的责备和惩罚。

“还有，”乔治父亲又加了一句，今天他浓密的大胡子，他家制的让人发痒的多毛衬衣，使他看上去非常乖戾易怒，“埃里克已经答应我，他将电脑锁上，这样，你们任何人都不能接近它。”

“不！”乔治叫起来，“他不能

那么做。”

“噢，他能，”乔治的父亲非常严厉地说，“他会这样做的。”

“但是 Cosmos 孤零零地待在那里，会寂寞死了。”乔治说道。他太心烦意乱，根本意识不到自己说了些什么。

“乔治，”他父亲很忧虑地说，“你是明白的，我们所说的是一台电脑，不是活物，电脑是不会感到寂寞的——它们没有感情。”

“但这一台是有的！”乔治喊道。

“天哪！”他父亲叹息道，“如果这就是技术对你的影响，你看看，让你远离它是多么正确。”

对于大人将每一件事都扭曲到似乎他们总是正确的，乔治沮丧地咬紧牙关。然后，拖着脚步走上楼梯，回到自己的房间。世界突然变得乏味得多。

乔治明白，他会想念 Cosmos 的，但并未想到也会想念安妮。最初，他对被禁止去找安妮感到高兴——他被禁止的是反正他不想去

做的事，这惩罚还不错嘛。但过了一阵，他就发现，他在寻找她那闪亮的金发。他以为这是因为自己一个人待烦了。他被关在家里，不能见任何朋友，而在家里，又没有什么能让他开心的事——他妈妈要他为自己的卧室织一张毛毯，而他父亲则试图使他对家制的发电机感兴趣。乔治也想尽量热情一些，但还是觉得单调无趣。

他生活中仅有的亮点是学校的一个海报。那海报说，要举行一次科学演讲比赛——一等奖竟然是一台电脑。乔治拼命想赢，花了很多时间努力写一篇关于宇宙奇观的讲稿，还画了他骑在彗星上看到的行星图。但无论他多么努力，总是无法措辞得当。每件事似乎都不对头。最终，他沮丧地放弃了，听任自己永远过着枯燥的日子。

但最后还是发生了一件有趣的事。十月底的一个灰色的秋天的下午——十月是他一生中过得最缓慢和单调的月份——乔治正在后院溜达。他注意到有些不同寻常。通过围栏上的小圆洞，他看到一个非常蓝的东西。他走上前去，把眼睛贴在围栏的洞上。他听到从另一边发出的尖叫。

“乔治！”非常熟悉的声音，他和安妮正好眼对眼。

“我们不该交谈。”他通过围栏悄声说。

“我知道！”她说道，“但我烦死了。”

“你还烦！你还有 Cosmos 呢！”

“不，我没有，”安妮说，“爸爸把它锁上了，所以我不能再跟它玩了。”她吸溜着鼻子，“甚至他都不允许我在今天的万圣节夜晚玩‘不请吃糖就捣乱’的游戏。”

“我也不能去玩。”乔治说。

“我还得到了这么可爱的巫婆的衣服。”安妮伤心地说。

“这时，我妈正在做南瓜饼，”乔治忧郁地告诉她，“我敢肯定那是很糟糕的。但她一做好，我就得去厨房里吃一片。”

“南瓜饼！”安妮渴望地说，“听起来似乎美妙无比。如果你不想要的话，可以让我吃你那一份吗？”

“可以，但你不能去我家的厨房，是吧？在发生那件事之后……我们一起玩的那回。”

“我真抱歉，”安妮说，“对那次乘坐彗星旅行，小行星和气体喷流，还有我爸爸对你发火，以及所有的一切的一切，我绝对不是有意的。”安妮说。

乔治没有回答。他想过很多次，要对安妮说怨恨的话，但和安妮几乎面对面的时候，他却感到一句话都不想再提了。

“天哪。”安妮吸着鼻子说。

从围栏的那一边，乔治想他听到了哭声。“安妮？”他轻轻地呼唤着，“安妮？”

息……！乔治听到好像有人在猛擤鼻子的声音。

他跑到围栏的尽头。事实上，他父亲已开始修补弗雷迪冲到邻家去的那个洞，但他中途分心，忘了完成这件事。那里还留一个小空隙，也许还能让一个小人挤过去。

“安妮！”乔治从空隙中露出头来。现在他可以在另一边看到她了。她用袖子揩揩鼻子，揉揉眼睛。她穿着家常的衣服，看起来不再像小仙子，或天外来客，只像一个寂寞的小姑娘。乔治忽然觉得她很可怜。“来！”他说道，“爬过来！我们可以一起躲在弗雷迪的猪圈里。”

“但是，我想你恨我！”安妮说，急急忙

忙地向围栏那个洞走来，“因为……”

“噢，那个！”乔治不在乎地说，仿佛他连想都没想过。“当我是小孩时，我会在乎，”他颇有气派地说，“但我现在不在乎。”

“噢，”安妮说道，她泪流满面，“我们可以做朋友吗？”

“只要你爬过这个围栏，”乔治揶揄她。

“但是你爸知道了怎么办？”安妮狐疑地问道，“他不会再生气吗？”

“他出去了。”乔治说，“几个钟头内，他不会回家的。”事实上，当天上午，乔治对不准他出去玩反倒感到高兴。有时在星期六，父亲会带乔治去参加关于全球变暖的抗议游行。乔治小时候很喜欢游行——以为举着标语，喊着口号走过市中心，是很好玩的事情。那些生态卫士非常快乐，有时他们会让乔治骑在背上或喝大杯的家制的热汤。但现在乔治长大了。他发现游行有点难为情，因此当他父亲在上午严厉地告诉他，作为惩罚他的一部分，他不能去参加抗议游行并待在家里。乔治假装悲伤，如此才不会伤害爸爸的感情。但私下里，他松了一口气。

“快点儿，安妮，跳过来。”他说。

猪圈并不很温暖，坐着也不特别舒服，但这里最能躲过大人生气的眼睛。乔治以为安妮也许会讨厌猪的气味——但没有他想得那么严重——但她仅仅皱了皱鼻子，然后就偎依在角落的麦秸中。弗雷迪正在睡觉，当它瞌睡时，从它小小的猪鼾声中呼出温暖的气息，它的大头伏在蹄子上。

“那么不再探险了？”乔治问安妮，并在她身旁坐下。

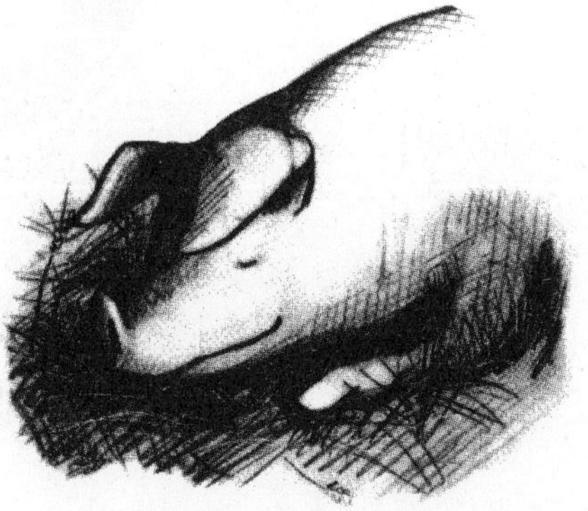

“不太可能了，”安妮说道，把她的运动鞋在猪圈的墙上蹭干净，“爸爸说，在我真正长大之前，比如二十三岁左右，我不能再去太空。”

“二十三岁？那太遥远了。”

“我知道。”安妮叹息道，“它无限地久远。但至少他没告诉我妈妈。如果她知道了，就会很生气。我答应过她我会照顾爸爸，并阻止他做蠢事。”

“你妈妈究竟在哪里？”乔治问道。

“我妈妈，”安妮说，她以一种他已经熟悉的方式歪着脑袋，“是在莫斯科博尔绍伊芭蕾舞团跳《天鹅湖》。”

弗雷迪在睡梦中很响地喷着鼻子。

“不，她不在那里，”乔治说，“甚至弗雷迪都知道那不是真的。”

“噢，好吧，”安妮赞同，“她在照顾外婆，她身体很不好。”

“那么为什么你不这样说呢？”

“因为说一些别的事会有趣得多。但有关太空的事却是真的，是吧?”

“是的，它是真的。”乔治说，“它真惊人，但……”他停住了。

“什么？”安妮说，她正用弗雷迪的麦秸编一根辫子。

“你爸爸为什么去那里？我是说，他为什么会有 Cosmos？他要做什么？”

“因为他想在宇宙里找到新的行星。”

“什么样的新行星？”乔治问道。

“一颗特别的，人类可以生活的行星。你知道，万一地球变得更热”。

“哇，他找到一颗了吗？”

“还没有，”安妮说，“但他不停地找呀找呀，穿过宇宙中所有的星系的所有地方。在找到一颗行星之前，他是不会停止的。”

“这很惊人。我希望我也能拥有一台电脑，它能带我穿过整个宇宙。事实上,我就是希望有一台电脑而已。”

“你没有电脑?”听起来,安妮显得很惊奇,“为什么没有?”

“我正在存钱买一台。但不知要等多少年才能攒够。”

“那显然不行,是吗?”

“因此,”乔治说,“我正在准备参加科学比赛,而一等奖是一台电脑,一台非常大的电脑。”

“什么比赛?”

“那是科学演讲比赛。参赛者必须做一个演讲。讲得最好的人可以赢这台电脑。许多学校的学生都参加。”

“噢,我知道了!”安妮说,似乎很激动。“我将和我们学校一起去——是下个星期,对吗?下周整个星期,我将住在外婆那里,这样可以从那里直接去学校。但我会在比赛现场看到你。”

“你准备参加吗?”乔治问道,他忽然担心起来,安妮,她那有趣的生活,科学知识以及生动的想象力,如果她做演讲,那么他自己的则显得乏味无比,黯然失色。

“不,当然不!”安妮说。“我不想去赢一台愚蠢的电脑。如果是芭蕾舞鞋,那就不一样了……你打算去讲什么?”

“哦,”乔治害羞地说,“我已经在写关于太阳系的东西,但我认为还没有写好。对于它,我知道的不很多。”

“不,你懂得很多。”安妮说,“你比学校里的其他任何人都知道得更多。实际上你已经从太空看到了太阳系中的许多部分,比如土星、木星、小行星,甚至看到了地球!”

"但是如果我把它都弄错了,该怎么办?"

"为什么你不让我爸爸看一下你的演讲?"安妮提议道。

"他对我很生气,"乔治悲伤地说,"他不会帮助我的。"

"今晚我就去问问他,"安妮肯定地说。"然后你可以在周一放学后来和他谈谈。"这时,他们听到屋顶上有轻轻的敲击声。通往猪圈的门转开了,两个孩子愣在那里。

"喂?"一个好听的声音说道。

"这是我妈妈!"乔治不出声地对安妮说着。

"噢,不!"她以同样的方式回答。

"不请吃糖就捣乱?"乔治的妈妈说道。

"请吃?"乔治满怀希望地说,安妮点点头。

"请两个吃?"

"是的,请。"乔治回答。"我,还有,呃,弗雷迪,那就是。"

"弗雷迪,对于女孩来讲是个滑稽的名字。"乔治妈妈说。

"哦,乔治妈妈!"安妮突然说话了,她再也不能保持沉默,"别让乔治有更多的麻烦!那真不是他的过错。"

"你不要担心,"乔治妈妈说话的语调让他们都知道她正在微笑,"我认为你们不能在一起玩是愚蠢的。我给你们拿来茶,一些很好的西蓝花菜松饼,还有一块南瓜饼!"

安妮高兴地尖叫起来。她渴望满满一大盘,好多块形状滑稽的小圆甜面包。"谢谢你!"她抿着嘴,嚼着满嘴的松饼,"这些真好吃!"

第十六章

与此同时，在市区的另一边，乔治的父亲正兴致勃勃地进行着生态游行。游行者们高举标语，高呼口号，冲过商业区，人群只好向旁边退去。“我们的行星正走向死亡！”他们一边以整齐步伐向市场广场前进，一边高呼着口号，“回收塑料袋！禁止小汽车！”他们对着吃惊的路人吼叫，“停止浪费地球资源！”

当他们来到广场中央，乔治的父亲跳上一个纪念像的底座，开始演讲。

“现在就要开始忧虑了！不要等到明天！”他开始说，但没人能听见，所以他的朋友递给他一个扩音器。“过不了多少年，我们就来不及拯救地球了！”他重复道，这次声音很响，整个广场都能听见。“如果地球的温度继续上升，”他继续说道，“本世纪末，洪水干旱将会导致成千上万的人死亡，超过两亿的人将会流离失所。世界上的很多地区将不能居住。食物生产将会崩溃，人们将会挨饿。即使技术也不能拯救我们，因为已为

时太晚。“

人群中的一些鼓掌并点头称是。乔治爸爸感到很惊讶。他已参加游行好多好多年了，散发传单并作演讲。因为他认为人们拥有太多的小汽车，引起太多的污染和过度依赖耗费能量的机器，但人们对他的呼吁无动于衷，或者说他在发疯，对这一切他早已习惯了。而现在，人们忽然对他讲的生态恐怖故事感兴趣。事实上，这样的故事他已经讲了很多年了。

“极地的冰帽正在融化，海平面正在上升，气候越变越热，”他继续说道，“科学技术的进步已赋予我们毁灭我们自己行星的能力！现在我们必须找出拯救它的办法。”

此时，一小群周末购物者止步听他讲话，听众中传来了小声的喝彩。

“拯救我们行星的时刻到了。”乔治爸爸高喊道。

“拯救我们的行星！”游行的参与者呼喊着响应他，一两个购物者也参加进来，“拯救我们的行星！拯救我们的行星！”

随着更多的人喝彩，乔治的爸爸把双臂举到空中，做出胜利的姿

势。他忽然意识到，他多年来试图引起公众重视所做的一切都没有白费，现在终于开始见效了。所有的生态之友小组的抗议并非徒劳。当喝彩声渐渐平息，乔治爸爸再次准备讲话时，不知从哪里飞过一块软饼，这块饼从人们头顶掠过，刚好打在他的脸上。

一阵令人惊骇的寂静，看到乔治爸爸站在那里的狼狈样，大家都大笑起来，很松软的奶油从他胡子上滴溜下来。一群穿着万圣节服装的男孩在旁观者中蠕动着，开始从市场广场跑开。

“抓住他们！”人群中有人高喊，指着这一群戴假面具的男孩，他们正全速逃跑，一边跑一边哈哈大笑。

乔治爸爸并不在乎。毕竟，许多年来，在他讲演时，人们往他身上扔过东西；在努力使人们理解这颗行星面临危险时，他被捕过，被推

撞过，被污辱过，甚至从很多地方被赶出来，而多一次软饼的袭击并不会增加更多的困扰。他只是把黏而甜的东西从眼睛上抹掉，准备好继续演讲。

其他的一些绿色运动推行者追赶着这一群恶鬼、魔王和蛇神。但他们很快就追不上了，步履蹒跚，气喘吁吁。

当男孩们意识到大人已经不再追踪时，他们就停下来。

“哈……哈……哈……哈，”他们中的一个低声笑着，撕下他的蠢人面具，露出林戈的面目。他的脸并不比橡皮面具更有吸引力。

“太棒了！”小灵狗喘着气说，脱去黑白的极可笑的面具，“你把饼扔过去的方式太棒了，林戈！”

“是的！”一个巨大的魔王附和道。他摆动着尾巴，挥舞着三叉戟，发出瑟瑟之声。

“你正好打在他鼻子上，你打中了。”根据他巨大的行头判断，这家伙只可能是坦克，没有任何办法能阻止这男孩长高长大。

“我喜欢万圣节，”林戈快乐地说，“没人会知道这是我们干的。”

“下一步我们要干什么？”基特尖声说，他穿戴得像个吸血鬼。

“嗯，我们用光了所有的饼。”林戈说，“现在我们准备捣乱，很好玩的。我有一些主意……”

到了黄昏，这些男孩惊吓了一些住在市区的人。他们用玩具手枪向一位老妇人射出彩色水，向一群小孩扔去紫色粉，在停泊的小车下面放爆竹，使它的主人以为他们要炸掉这辆小车。每次，他们都尽可能大肆破坏，然后在任何人想抓住他们时，飞快地逃走。

现在他们来到了城镇的边缘，这里房子开始分散了。街道不再狭窄，不再是一排排舒适的小屋，房子变得更大，而且离得更远。在这些房子前面，有很长的绿草地，很大的篱笆以及嘎吱作响的汽车道。天色渐暗，在暗淡的光线下，一些大房子空洞的窗户、圆柱以及巨大的前门，看起来相当怪诞。其中多数都是暗色调的，死气沉沉的。这伙人甚至都不想去按门铃。他们走到市区最后的一栋房子时，就打算到此为止了。这所房子显得大而无当，角楼、衰败的雕像以及铰链散开的旧铁门。底层的所有窗户都射出光亮。

“最后一家！”林戈兴高采烈地宣布，“我们可得好好地进去捣乱，准备好了吗？”

他的一伙检查了一下藏好的捣乱工具，紧随着他，快步走上杂草丛生的车道。但当他们接近房子时，他们所有的人都闻到一种奇怪的臭鸡蛋气味。当他们走近前门时，这气味就更重了。

“呸！”大魔王捂住鼻子说，“谁放的。”

“不是我。”基特高声埋怨着。

“谁先闻到就是谁放的。”林戈不祥地说。这气味变得这么强烈，孩子们甚至都感到呼吸困难。当他们侧身向前门挪动脚步——前门的漆都从破烂的木头上一丝丝脱落——空气整个变得浑浊、灰白。林戈用手捂住口鼻，向前触摸并按动那巨大的圆门铃。它发出苍凉孤单的叮当声，仿佛它并不经常被按动似的。令孩子们吃惊的是，门打开了一条缝，几缕微黄灰的烟雾卷曲地通过窄缝冒出来。

“谁？”一个不快的，但听来好像有点熟悉的声音。

“不请吃糖就捣乱。”林戈声音沙哑得几乎说不出话来。

“捣乱！”那声音叫起来，把门一下子全打开了。一瞬间，孩子们看到，一个戴着老式防毒面具的人站在大门里。接着一团恶臭的黄灰烟从打开的门里滚了出来，那人消失在滚滚浓烟中。

“逃！”林戈喊道。他的团伙不需要再说第二次——他们已经转身穿过浓雾往回跑了。他们气喘吁吁地，蹒跚地走到了私人车道，过了大门，上了人行道。他们剥掉万圣节的面具，在恶劣空气中窒息之后，现在可以顺畅呼吸了。但林戈并没跟上来，他在私人车道上绊了一跤，跌在碎石上。他挣扎着想要站起来时，看到一个人从大屋子里向他走来。

“救命！救命呀！”他大声喊叫。同伙中的其他人停住脚步，转过身来，但没有一个人想回去救他。“快！”个子最小的基特说，“去救林戈。”

其他两人只是笨拙地曳步而行，嘴里喃喃自语。那位像鬼似的大人不再戴防毒面具，烟雾消散了些，孩子几乎可以看到他的容貌特征。现在林戈站起来了，这人似乎正在同他讲话。虽然其他人听不见他们在说什么。

几分钟之后，林戈转过身来，并对他的同伙招手。

“喂！”他喊道，“你们这些蠢蛋！到这里来！”

其他三人不太情愿地慢慢地向他走来。奇怪的是，林戈似乎非常得意。站在他旁边的那个人，看起来邋遢，露出一点阴险的表情，那不可能是别人，正是雷帕博士。

第十七章

“孩子们，下午好，”老师说，他看着他们，他们穿着万圣节的衣服，抓着自己的面具站在那里，“你们能想到让可怜的老先生加入你们快乐的万圣节游戏，不胜感激。”

“但我们事前并不知道……”基特辩驳着。其余两个人看着过于惊讶而说不出话来，“如果我们事先知道这是老师的房子，我们不会……”

“别担心！”雷帕博士颇为做作地轻声笑道，“我喜欢看到年轻人享乐。”他向四周挥手，将徘徊不去的臭烟雾驱散一些，“我正在做着某件事情，你们打断了我，这就是烟雾腾腾的原因。”

“哟！你在煮东西？”小灵狗不自在地说，“这里发出臭味。”

“不，不是煮——呃，反正不是食品，”雷帕博士说，“我刚才正在做一个实验——我要回去做实验了。我不该让你们待在这里——我知道你们街坊的

其他人还要欣赏你们好笑的恶作剧。”

“那是什么……？”林戈说，他在结束话语前故意拖着长腔。

“啊，我想起了！”雷帕博士说道，“你们这些孩子为什么不进来在门阶上等我，我去拿一些东西，很快就来。”

孩子们随他到达打开的前门，他们在那里徘徊，而雷帕博士进屋去了。

“怎么回事？”当他们等待时，小灵狗嘘声问林戈。

“好！伙计们，”林戈郑重地说，“来，靠拢一些，雷帕博士要我们为他做些事。他要付钱给我们。”

“哦，但他要我们做什么呢？”坦克问道。

“放松点，别害怕，”林戈回答，“没事。他只是要我们去递一封信——递到穿太空服的怪人的那个房子里。”

“他就为这个付我们钱？”基特尖声说，“为什么？”

“我不知道,”林戈承认道,“而且我根本不在乎。有钱,对吗?那就是关键所在。”他们等得稍久,时间一分钟一分钟地过去,但还没见格雷帕的踪影。林戈通过前门偷看。“我们进去吧,”他说道。

“我们不能进去!”其他人惊叫。

“我们可以。”林戈说,他的眼睛闪出恶作剧的亮光。“只要想想,我们到学校后,可以告诉大家,我们到过格雷帕的家里!让我们瞧瞧能不能偷点他的东西出来,快!”他踮着脚尖走进房子,停下来向后面的人猛招手,让他们跟进。他们一个接一个地侧身进入前门。

他们在门厅里看到一个有几扇门的走廊。厅里的一切都被灰尘覆盖,仿佛一百年都没人碰过。

“这边走!”林戈命令道,他高兴地暗笑。他沿走廊走去,在其中的一个门前停下。“我在想这老博士究竟把什么东西藏在这里。”他把门推开,“呃,呃,这都是些什么?”当他向里面窥视时,脸上布满狡猾的微笑。他说道。“似乎博士比我们了解的要复杂得多。”其他孩子挤在他旁边,去看屋子里面还有什么。当他们看到眼前这奇怪的景象时,都睁大了眼睛。

“哇!”基特说,“那儿是什么?”

但在任何人得到答案之前,雷帕博士已经重新出现在走廊上,正好在他们的背后。

“我要你们，”他以一种所能想像的最可怕的声调说，“在外边等待！”

“对不起，先生，对不起。”孩子急速地转过身来，面对着他，很快地说。

“我邀请你们进屋了吗？我没有。也许你们可以解释为什么行为如此不轨？或许因为你们不服管教，放学后，我只得罚你们在学校待双倍时间。”

“先生，先生，”林戈飞快地说，“我们先在外面等待，但是我们很有兴趣知道——你早先谈到的实验——我们要进来看看。”

“你们？”雷帕博士疑虑地说。

“噢，是的，先生！”孩子们齐声热情地回答。

“我不知道，你们当中竟有人会对科学感兴趣，”雷帕博士说道，听起来稍微高兴了一点。

“噢，先生，我们热爱科学，真的。”林戈以一种热情的语调使他相信，“我们坦克长大之后就想成为科学家。”坦克显得很吃惊，但他立刻就试图装出他渴望那种智慧的表情。

“真的？”雷帕博士说道，无比高兴。“这可是一个美妙的新闻！你们应该都到我的实验室来——我渴望向人们展示我一直在做的事，而你们似乎是恰当的人选。孩子们，请进。我可以把一切都告诉你们。”

“现在你要我们做什么？”他们随雷帕博士进入房间，小灵狗低声对林戈说。

“闭嘴，”林戈用嘴角回答，“要么这个，要么放学不能回家。假装热心，懂吗？我尽量使大家早点脱身。”

第十八章

雷帕博士的实验室很清楚地分成两部分。在这一边，看起来很奇怪的化学实验正在进行着，很多玻璃球通过玻璃管和其他的球相联结。其中的一个球接到一个看起来像一座小火山的东西上。火山烟气的大部分从漏斗中向上流进玻璃球，但时不时地会有一缕烟气漏出来。气体从一个玻璃球灌入另一个，最终到达中间的一个大球中。这个大球里有一朵云，他们时不时地看到火花在那上面飞舞。

“谁第一个提问？”雷帕博士问，他因为有了听众而激动。

林戈叹息道，“老师，那是什么？”他指着那个大型化学实验问道。

“啊哈！”雷帕博士一面咧嘴笑，一面搓着手说道。“进入这房间时，你们闻到坏鸡蛋臭味，我断定你们会记住这可爱的味道。呃，你们知道那是什么吗？”

“臭鸡蛋？”坦克突然尖声说，他为自己知道答案而高兴。

“傻孩子，”雷帕博士轻声责备道，“如果你要成为一名科学家，你就得比这更努力地动脑筋。想一想，它会是什么？这么容易的答案。”

孩子们面面相觑，耸耸肩膀。“不知道，”他们全都嘀咕着。

“啊呀，”雷帕博士叹息道。“孩子们，今天，他们真的什么都不知道。这是地球的气味——几十亿年前，那时地球上还没有生命。”

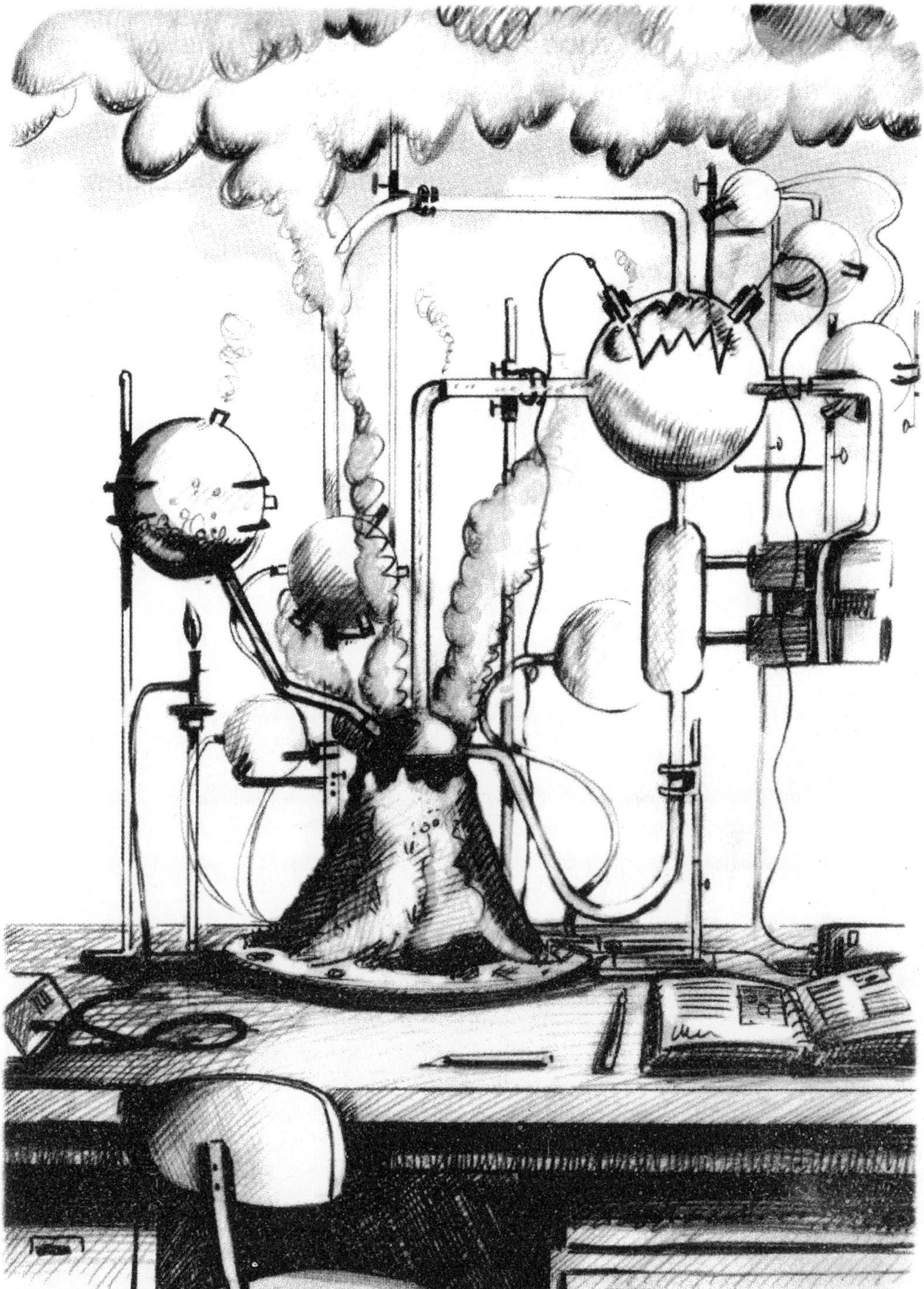

"呃，怎么能假定我们知道这些呢？"小灵狗抱怨道。

但雷帕博士并没有注意他。"显然这不是真的火山，"他指着一个小小的自制的火山说道，火山顶口里喷出烟来。

"是，显而易见的，"林戈嘀咕着，"我是说，好像我们没注意到似的。"

"它只是一个很小的化学反应，放出同一种难闻的气味，"雷帕博士充满热情地说，似乎并未意识林戈的无礼，"这样，我用花园里的泥土把它做得像一个小火山。我十分喜欢它。"

从火山冒出的烟气喷入玻璃球里，在那里和水蒸气相混合。水蒸气来自于另一个被煤气炉加热的装水的玻璃球。雷帕博士在云中安装了一个能产生电火花的装置。

当小火山将黑烟向上喷，小闪电噼啪作响地横贯过位于球中间的云朵。雷帕博士轻轻地敲着玻璃。

"你们看，当闪电击中气体云，就发生奇怪的反应。科学家发现，

早期大气

- 地球早期的大气并不总和今天的一样。如果我们回溯到35亿年前(那时地球年纪才大约10亿年)，我们将不能够呼吸。

- 今天，我们的大气近似地由78%的氮气、21%的氧气和0.93%的氩气构成。余下的0.07%大部分是二氧化碳(0.04%)和氖气、氦气、甲烷、氪气和氢气的混合物。

- 35亿年前，大气中不包含氧气，主要由氮气、氢气、二氧化碳和甲烷构成，不过我们不知道其准确的成分。然而，人们知道的是，在那个时期前后发生的巨大火山爆发，将蒸汽、二氧化碳、氨气和二氧化碳释放到大气中，二氧化硫发出臭鸡蛋的气味，吸入太多就会中毒。

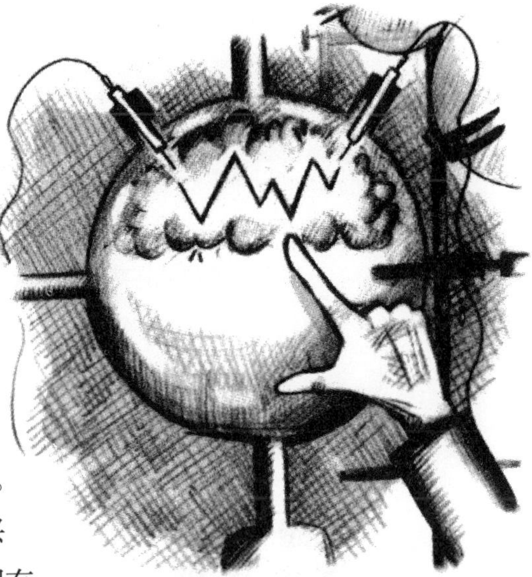

这些反应有时会形成所谓的氨基酸，它是地球上构成生命所需要的最基础的成分。”

“但是嗨？”小灵狗说道，“你用它们来做什么？”

“因为，”雷帕博士说，他的脸上露出险恶的表情，“我想创造生命本身。”

“真是胡言乱语。”林戈低声说。

但基特听得比他的头头更感兴趣。“老师，”他沉思地问，“我们周围有许多生命。你为什么还要制造更多的生命？”

“在这个星球上是存在的，”雷帕博士赞许地看了他一眼，回答道，“但在其他行星上怎样呢？在生命还未出现的其他行星上的情况又如何？如果我们去那里，并将生命带到那里去，将会发生什么呢？”

“我觉得这有点愚蠢，”林戈说，“如果我们去一个新的行星，那里没有任何东西，那我们也无事可做。”

“唉，没有想象力的孩子！”雷帕博士高声说，“我们将是那行星的主人！它将全部归我们所有。”

“但，等一等，”小灵狗相当狐疑地说，“那个行星在什么地方？而且我们怎么才能到那里去？”

“这些问题都问得好，”雷帕博士说，“到这里来看看。”

他走到屋子的另一边，那里挂着一幅巨大的图，上面画着太空和恒星。图中的一个角落上有一个围绕着若干小白点的红圈，许多箭头都指向那个红圈。红圈附近画有另一个绿圆圈——只可惜绿圆圈似乎是空的。图边上是一块白板，上面布满了图和乱七八糟的字迹，这些字迹和恒星挂图之间似乎有某种关联。

密勒-尤列实验

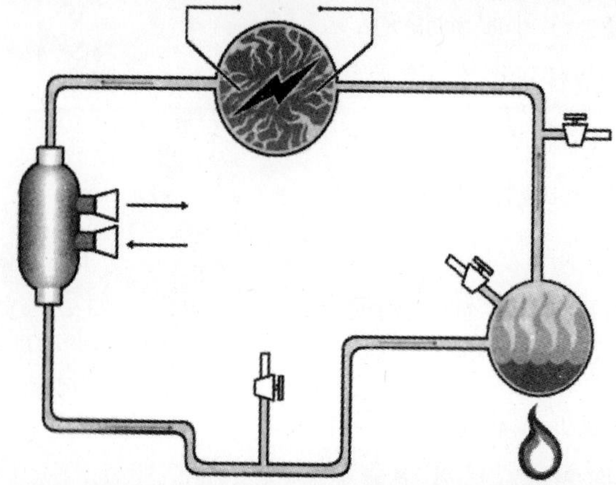

1953年，两名科学家研究地球上生命的起源，他们名叫斯坦利·密勒和哈罗德·尤列。他们相信，在地球早期的大气中，从完全自然的现象中可以出现生命的要素。

那个时候（20世纪50年代），科学家对于早期大气可能包含的化合物的种类已经有了一些见解。他们还知道闪电是频繁的。因此密勒和尤列做了一个试验，用电火花（去模拟闪电）打到这些化合物上。
令人吃惊的是，他们发现他们创生了特殊的有机化合物。

有机化合物是包含碳和氢的分子。这些分子中的一些，比如称为氨基酸的，对于生命是不可少的。密勒和尤列试验产生了氨基酸，并且给科学界带来了希望，可能在实验室里创造生命。

今天，密勒和尤列之后50多年，这样的创生还有待获取，而我们仍然不知道生命在地球上是如何出现的。但是，在模拟很久以前地球上的条件的特殊环境下，我们已经能够创生越来越多生命的基础化学构件。

孩子们集中在雷帕博士周围，他清清喉咙。“孩子们，这就是未来！”他向那潦草的字迹挥挥手，说道，“我们的未来！我预料，”他继续说道，“你们从未想过我不在学校教书时，我在做什么？”

这群人点点头，他们确实从未想过。

“那我就直截了当地告诉你们吧。我……”雷帕博士挺起胸，笔直地站着，这样他能居高临下地对孩子们说，“是行星专家。我花费一生研究行星，想找到新行星。”

“你找到一颗了吗？”小灵狗问道。

“我找到了许多颗。”雷帕博士骄傲地回答。

“但是我们不是对所有的行星，比如火星、土星或者木星都已经了解了吗？”小灵狗再问。

其他孩子用手肘相互推着。“呜唉，”坦克低语，“谁会相信小灵狗居然是个书呆子。”

“不，我不是。”小灵狗恼怒地反驳道，“那只是很有趣而已。”

“啊哈！”雷帕博士说，“你说对了！最靠近地球的恒星叫作太阳，

外行星

- 外行星是围绕非太阳的恒星旋转的行星。
- 迄今为止，在太空中，已经发现了 240 多颗外行星，而且每月还在发现新的外行星。仅在银河系，我们就已知存在几千亿颗恒星，与之比较，外行星的数目似乎没有多少，但这么小的数目多半是由于发现它们非常困难。一颗恒星是巨大的，而且发光，所以很容易被发现，而行星小得多了，而且只反射其恒星的光。
- 在技术上，外行星的发现多数是间接的，也就是说不能直接看到外行星，但它存在的效应可以被看到。例如，一颗大的外行星会通过引力来吸引它的恒星，并使恒星动一点点。从地球上可能发现这种运动。用这种方法

我们知道围绕着太阳的所有行星。但我们正在寻找其他的！我正在寻找围绕着其他恒星的行星，那是些非常遥远的行星。你们看，”他继续说，很高兴他的班级，至少其中的一些人，真的在听他讲一些和平时不同的东西，“去找一颗行星决非容易的事。我花费了很多年从望远镜里收集资料，我在太空中看到过几百颗行星。可惜的是，我们迄今发现的大多数行星都太靠近它们的太阳了，这使它们太热，热得不能支持生命，也不能居住。”

“那就没什么用处了，是吗？”小灵狗说，听起来很失望。

雷帕博士指着他的恒星图。“但是等一等，”他说，“我还没来得及告诉你一切。在太空外面，存在非凡的奇异的东西。那是些我们迄今只能想象的东西。但是这个时刻正在来临，那时这一切都将改变，人们将穿越宇宙，并在整个宇宙中居住。孩子们，只要想象一下，如果我们是发现整个新行星的第一人。”

“那就像电视里演的，”基特兴高采烈地说，“每个人都搭太空船到新行星上去，绿色外星人在那里把他们吃掉。”

找到了 169 颗外行星，这些外行星非常大，比木星，也就是我们太阳系中最大的行星还要大。

2006 年 12 月发射的 Corot 卫星能发现从一颗恒星发光的量的极小变化。当一颗外行星（甚至一颗小的）在一颗恒星前通过时，能引起这种改变。装备在 Corot 上的检测器的性能应该容许发现比以前所发现的小得多，小至地球两倍的外行星。迄今，我们还未看到地球大小的外行星。

迄今为止只有4颗外行星是利用直接观测（也就是靠照相）发现的。这些也是巨大的。

“不，根本不是那回事！”雷帕博士厉声说，“你必须学会将科学幻想和科学事实分开。我在这儿发现的这颗行星”——他的手指追踪着围绕白点的红圈，那红圈画在地图的角落上——“可能是新的行星地球。”

“但要到达这新行星的路似乎有点远。”小灵狗怀疑地说。

“是的，是很远，”老师同意道，“它是非常非常远。它是那么远，比如我和在那里的某人打过电话，在问话之后，需要等待数年才能得到回答。只要把我的问话送到那里，再将他的回答送回来，就需要这么长的时间。”

“你和他们打过电话吗？”四个小孩异口同声地问。

“没有，没有，没有！”雷帕博士恼火了，稍微有些不耐烦，“我说如果我打过，难道你连这点都不明白吗？”

“但是在外面那么远的地方有人吗？”基特坚持问道，激动得双脚不停地蹦跳着。

“那很难说，”雷帕博士说，“因此我需要到外面去看一下。”

“你准备如何去呢？”尽管现在林戈也感兴趣，但他依然要质疑。

雷帕博士凝视着他们头上方的远处。“我一生都在努力进入太空，”他说道，“有一回我几乎成功了。但是有人阻止了我，我将永远不会原谅他。这是我一生最沮丧的事。自那以后，我一直在寻找一个方法。而现在我得到另一个机会。这就是你们这些孩子可以帮忙之处。”雷帕博士从他的口袋里掏出一封信，“这是我们在车道上谈过的那封信，把他交给乔治的朋友。他的名字叫埃里克。把它投到他的信箱里，并确信没人看到你。”说罢老师将信递给林戈。

“里面是什么？”林戈问道。

“一些信息，”雷帕博士回答，“信息就是力量，孩子们。永远记住这个。”他面对着恒星图，用他烧伤过的手，指着围绕亮点画出红圆圈，说道，“这封信包含的信息是那颗名叫第二地球的空间位置，这是一颗令人惊异的新行星。”

小灵狗刚要开口说话，却被雷帕博士打断。

“今夜就把这信投了，”他说道，不再让孩子们问任何问题，“你们现在该走了，”他又加上一句，催促他们回到走廊里。

“钱怎么办？”林戈突然问，“我们什么时候可以拿到钱？”

“星期一到学校来见我，”雷帕博士说道，“如果你投下这封信，我将付给你可观的钱。现在走吧。”

第十九章

星期一午餐时，乔治安静地坐在学校的餐厅里，沉浸在自己的思绪之中。他取出午餐盒，向里面望去，和其他孩子一样，希望能看到鲜艳的炸土豆条或巧克力条或橘子汁。可惜他带的是菠菜三明治，煮得很老的鸡蛋，还有更多的西兰花菜软饼，以及他妈妈手榨的苹果汁。他咬了一大口三明治，叹了一口气。他真希望他的父母能理解，他和他们一样想拯救地球，但是他要以自己的方式来做。因为他父母只和他们的朋友往来，而那些朋友的生活方式和他们类似，所以他们以自己的生活方式过日子毫无问题。他们不必每天上学和林戈以及他的同伙相处。这些人会嘲笑他父母穿着滑稽的衣服，吃不同的食品，也不知道昨天电视演了什么。他试图对他父亲解释这一点，但得到的回答全都是这样的："我们所有的人都要做好自己的一部分。乔治，如果我们准备拯救地球的话。"

乔治知道这是真的，他只是认为他所做的那一份意味着，自己在学校成为被取笑的对象，而且家里没有电脑。这既不公平，也无意义。他一直试图向父母解释电脑可以多么有用。

“但是爸爸，”他说道，“有些东西你也可以在电脑上进行，这些东西可以帮助你工作。我是说，你可以从因特网中得到大量信息，并用电邮来组织游行。我可以给你把这一切都设置好，并向你展示怎么使用。”乔治眼巴巴地望着爸爸。他以为在爸爸眼里看到丁点兴趣，但那只是一闪即逝，很快就没有了。

“我不想再谈论这个，”他的父亲说了，“我们不打算有电脑，就这么定了。”

当乔治吞下一块菠菜三明治时，他想到，那就是为什么他这么喜欢埃里克。埃里克倾听乔治的问题，并给他恰当的答案——乔治觉得这些回答有道理。乔治正拿不定主意，他不知道今天下午晚些时候，自己敢不敢去见埃里克。他有这么多问题要问埃里克，他还非常需要埃里克审阅一下他的比赛讲演稿。

就在午饭前，乔治才鼓起勇气，在告示板上签名参加科学比赛，也就是那个头奖为一台电脑的比赛。在“论题”的栏目下，他填上“我从太空带回惊人的岩石”。看来这是一个很好的题目。虽然乔治仍然不清楚，他的演讲内容到底行不行。他站在告示板之前，从口袋里取出从太空来的好运石。让他惊惧的是，它已松散成粉末尘埃！但这是他的吉祥物——他从土星附近拾来的太阳系的一小块。比赛也将在明天举行——因为他们学校报名参加的孩子太少，所以最

后时刻才允许他加入。校长看到乔治在告示板上写上自己的名字感到很高兴。

当乔治填好表，他跳起来说：“好样的，乔治！这太好了，我们要让他们瞧瞧，是吗？”他满面笑容地看着乔治，“我们绝不能让马洛·帕克夺走该领域的所有奖品，是吗？”马洛·帕克是当地的私立贵族学校，它总是拿走所有的奖项，在体育竞赛上也总是赢，因此使得比赛毫无悬念。

“是的，先生。”乔治说，一面把他的太空岩石塞回口袋。但这个动作逃不过校长的敏锐眼睛。

“天哪，一撮脏东西。”他说道，顺手从附近抓来一个废纸桶，“把它扔到这里，乔治。你不能带着一口袋灰尘去吃饭。”当乔治一动不动地站在那里时，校长不耐烦地在鼻子下晃动那个废纸桶。“我以前就和孩子一样，”他说道，乔治怀疑这个说法。对他来说，这位校长从未是个孩子；他一生下来就穿着衣服，并对不满十二岁的少年足球队做热情的评论，“口袋里装满了废物。扔进垃圾桶再走。”

乔治不情愿地把他所有的最宝贵的灰色而易碎的残存物扔到桶里。他发誓自己一会儿会回来，尽力把它捡起来。

当乔治用力地咀嚼着三明治时，他想着埃里克以及太空，还有明天的比赛。当他陷入沉思时，一只手偷偷地从他肩头伸过来，从他的饭盒里抢走一片饼干。

“啧，啧，”林戈的声音在他身后响起，“噢，看呐，乔治著名的软饼。”林戈咬了一大口，嘴里发出咯吱咯吱的声音，紧接着，他就直接噼噼啪啪地再吐出来。

乔治不用回头就知道整个餐厅的人都在盯着他并且窃笑。

“哟，恶心。”林戈说道，在他背后做出假装噎住的声音，“让我们看看余下的是不是一样糟糕。”他的手又伸进乔治的午餐盒。但乔治已经受够了。当林戈的大爪在乔治放三明治的手工制的木盒中翻动时，乔治砰地一下关上盒盖，夹住林戈的手指。

“噢！”林戈尖叫起来，“噢！噢！噢！”乔治把盒子打开，让林戈缩回手去。

“吵什么？”午餐值日老师大步走过来，问道，“你们这些男孩子就不能不惹是非吗？”

“先生，雷帕博士，先生！”林戈捧着他受伤的手指尖叫，“我只是问乔治他午餐吃什么，他就攻击我。先生，真的！你最好在余下的学期里，放学时把他留在学校双倍的时间。他把我的手弄折了，老师。”林戈对雷帕博士傻笑，后者冷冷地看了他一眼。

“好，里查德，”他说，“到学校护士那里看看。她看了你的手之后，到我房间里来。我会处理乔治。”他用手指着命令他离开。林戈则垂头弯腰地走开，得意洋洋地露齿而笑。

餐厅里其他人都肃静下来，等待雷帕博士宣布对乔治的处罚。但让大家吃惊的是，雷帕博士不但没有斥责乔治，反而在长板凳上靠近乔治坐下。“继续！”他用红手向房间里其余的人打招呼，说道，“吃你们的午饭。你们知道上课铃很快就要响了。”几秒钟后，通常的嘈杂声再起，人们已对乔治不感兴趣了，都回到他们原来的话题中去。

“那么，乔治，”雷帕博士亲昵地说。

“请说，雷帕博士？”乔治有点神经质地问道。

“你好吗？”听起来，雷帕博士似乎真想知道。

“嗯，还行，”乔治说，他相当迷惑。

“家里的情况如何？”

“他们……还好……行。”乔治谨慎地说，希望格雷帕不准备问有关 Cosmos 的事情。

“还有你的邻居怎么样了？”雷帕博士说道，试图装作随便问问，但又装不像，“最近你见到他了吗？这一阵他在这里吗？或许他出门去了……”

乔治想弄清楚雷帕博士要什么答案，这样他就可能给他相反的回答。

“也许街坊的人弄不清他去了哪里？”雷帕博士接着说，听起来越发毛骨悚然。“也许他刚刚消失！不出现了！不清楚他会在哪里！是吗？”他满怀希望地凝视着乔治，现在乔治确信雷帕博士非常不对头了。“仿佛”——雷帕博士在空中用手画出一个形状——“他只是飞往太空而永不返回。哼？你怎么看？乔治。这就是所发生的，你认为是这样吗？”老师盯着乔治，显然想听到埃里克以某种方式在稀薄的空气中消失了。

“实际上，”乔治说道，“今天上午，我还见到了他。”他并没有看到，但告诉雷帕他似乎看到了是非常重要的。

“见鬼，”雷帕博士生气地低语，忽然站起来，“无耻的男孩们。”他走开了，连再见都没说。

乔治盖上他的午餐盒，决定回到告示板那里，这样他可以从桶里找到他的岩石。他急忙穿过走廊，经过雷帕博士的办公室时，听到说话声，语调很高。他停了一秒钟，听着门里的声音。

“我让你们传送那张便条！”雷帕博士以熟悉的声音怒吼着。

“我们送了，不是吗？”男孩低声说着，听起来正和林戈一样。

“你肯定没送。”雷帕博士说，“你就是没送。”

如果上课铃没响的话，乔治会待在那里听更久一些，而且他极想在下午上课之前，找回他那特别的太空岩石。然而，当他找到桶时，它已经被清理干净了。里面只有一个干净的塑料袋。土星的小月亮丢失了。

第二十章

那天下午，乔治回家时，正是大雨滂沱。他跋涉在回家路上，天空灰暗，噼啪作响的冷雨急遽泼下。在路旁，小车冲进大泥坑，溅起脏水，潮波般地直冲人行道。乔治走到自己家的街道上时，他冷得发抖。他走到埃里克的门口，在门口台阶上焦虑地徘徊。他很想按门铃，请求这位科学家帮助他准备明天的演讲。此外，他还想找出雷帕博士认为他已经消失的原因。但他担心埃里克仍在生他的气，会把他赶走。按还是不按？他该怎么办？天越来越黑，忽然他听到一声雷鸣，雨越来越大，乔治决定去见埃里克，去请教讲演内容，还要告诉他有关雷帕博士的事，这些都很重要。他鼓足勇气去按门铃。

乒乓！他等了一会儿，但没有动静。正当他考虑是否再去按门铃时，门哗的一

声打开了。埃里克的头突然伸出来。

“乔治！”他高兴地说，“是你呀！快进来！”他伸出长长的胳膊，将乔治拉进去，再砰地轻快地关上前门。乔治吃惊地发觉自己站在门厅里，他的外衣湿了，在没铺地毯的地板上滴着水。

“对不起。”他结结巴巴地说。

“为什么？”埃里克有些吃惊地问道，“你做了什么？”

“关于安妮……还有彗星……还有 Cosmos，”乔治提醒他。“噢，那个！”埃里克说，“我完全忘记了。但既然你提起它，也不必担心。安妮告诉我那是她的主意，不是你的，而是她让你走入太空。我相信那是真的，是吗？”他从厚重的眼镜上面看着乔治，明亮的眼睛闪耀着。

“呃，是的，实际上是这么回事，”乔治欣慰地说。

“这样的话，”埃里克继续说，“我倒真应该向你说对不起，由于遽下错误结论。没去考察所有的证据，我仅仅是应用某些常识——其他人会将它称之为偏见——而得出了完全错误的答案。”

乔治不能完全理解这一切,他只是点头。他听到书房里人声鼎沸。

“你们在聚会吗?”他问道。

“哦,是的,某种聚会,”埃里克说,“它是一个科学家的聚会,我们喜欢称之为研讨会。你何不进来听听?也许你会感兴趣。我们正在讨论火星。安妮还在她外婆那里,我恐怕她就此错过了。如果你留下听的话,你还能告诉她所听到的内容。”

“噢,好,谢谢你,我接受你的邀请。”乔治说道,激动中,他竟然忘记问埃里克有关自己演讲的事或者告诉他雷帕博士的事了。他脱掉潮湿的外衣,随着埃里克进入书房,听到一位女士的声音。

“……这是我和我的同事强烈主张全面探究我们最近的邻居的原因。在红色表面之下挖掘,谁知道最终会找到什么……”

埃里克和乔治踮起脚尖走进书房。和上次乔治看到的大不相同,所有的书籍都整齐地排放在架子上。宇宙图镶在框中,挂在墙上,在角落里,放着一堆折好的太空服。在房间中部,科学家们一排排地坐在椅子上。这群科学家的体貌各不相同,好像他们来自世界各地。埃

里克为乔治指点了一个座位，把一只手指放在嘴唇上，示意乔治保持绝对安静。

一位高挑美丽的女士站在房间前面，她浓密的红发打成一条长辫子垂到腰间。当她对与会科学家微笑时，绿眼睛闪闪发亮。她的头的正上方，Cosmos 的视窗正展示着一颗红色的行星。这位红头发演讲者继续说着。

“假设在很悠久的过去曾经在火星上存在过生命，那么在它的表面，我们找不到它的证据，难道不是非常可能的吗？我们永远不要忘记，沙暴时不时地彻底改变该行星的表面，把我们红色邻居的整个过去越来越深地掩埋在无机尘埃层之下。”

在她演讲时，所有的人都通过 Cosmos 视窗看到了一次巨大的沙暴，它已经占领了这个红色行星的全部表面。

埃里克俯首靠近乔治低语道：“她的意思是，即使在火星上曾经有过生命，我们今天也不会在表面上看到。事实上，这位科学家坚决相信，在火星上的某一阶段存在过生命。那将是古今最惊人的发现之一。但在这个阶段，我们还不能说更多，必须自己到这颗美丽的红色星球上去发现。”

乔治正打算问为什么火星是红色的，却意识到演讲者正要结束讲话。

“在我们短暂休息之前，你们有什么问题？”她问听众，“茶点之后，我们将讨论最后的也是最重要的问题。”

乔治觉得非常伤心，他只听到演讲的结尾，所以他要举手问一些问题。

与此同时，所有的科学家都轻声细语，“啊，茶！”没人要提问题。

“那么让我们在辛苦

之后休息一下，享受茶点吧。”埃里克说道，他没看到乔治举起的手。

科学家们冲到房间角落的茶桌边，趁其他人还没吃光之前，去抢果酱道奇饼干。

但是红头发演讲者注意到乔治细瘦的胳膊还在空中挥动。“喂，喂，”她看着乔治道，“同事们，我们总算有了一个问题，是我们的新伙伴提出的。”

其他科学家转身看着乔治。当他们看到他这么小，都微笑了，拿着茶杯和饼干回到座位上。

“你想知道什么？”演讲者问道。

“呃……好……如果你不介意的话，”乔治说，突然感到非常害羞。他不确定自己的问题是否很蠢，大家会不会嘲笑他。他深深地吸了一口气。“火星为什么是红色的？”他问道。

“问得好！”另外一名科学家一边吹着他的茶，一边说道。乔治呼出一口气，如释重负。克兹克扎克教授，这位红头发讲演者的名字，几乎无人对付得了这名字的发音，她点点头，开始回答乔治的问题。

“如果你在地球上走过大小山岳，有时你会看到一块块红土地，上面没有任何植物覆盖。例如美国的大峡谷就是如此，其他许多地方也是如此。因为那儿存在锈蚀的铁，所以土地就变成特别的红色。当铁被氧化——这是它被锈蚀的另一种

说法——它就变成红色的了。正因为氧化铁的存在，我是指锈蚀的铁,火星表面便成为红的。”

“你是说火星是由铁构成的吗？”乔治问。

“哦,不完全是。从我们送往火星的一些机器人那里,我们知道那不过是一层薄薄的锈蚀铁粉使火星呈现红颜色。似乎在这红色尘埃层下面,火星表面也许和地球表面相当类似,就是没有水。”

“那么火星上没有水了？”

“有水。但我们知道的水不是液体,火星白天实在太热了——水都转变为蒸汽而跑光。因此水只能保持在那些日夜都很冷的地方,这样水能够冻结,并一直冻结着。这发生在极地。在火星的北极,我们找到了大量的冻水:冰。在地球上的情况也一样,在极地,北极和南极能找到巨大的冰库。我回答了你的问题吗？”

“是的,谢谢!”乔治说。当埃里克站到前面的演讲者身旁时,乔治正忙着想另一个问题。

“谢谢你,克兹克扎克教授,”他说道,“感谢你有关火星的非常有趣的文章。”

克兹克扎克教授鞠躬并走回座位坐下。

“尊敬的朋友们,合作者们,”埃里克继续说,“在我们转到最后的也是最重要的必须讨论的问题之前,让我感谢大家辛苦地来到这里。你们中的一些人来自地球的那一面。但我知道,我们今天听到的报告将使你们感到此次旅行是值得的。我确信,我几乎不需要提醒你们,严格保守 Cosmos 存在的秘密是何等重要。”

这群人都点头称是。

“现在，”埃里克继续说道，“我们都要回答一个问题，它对每个涉足科学领域的人都极其重要。我们大家都非常清楚，它可能被用于邪恶的目的，而这正是我们所有人都宣读过的科学家誓言，因此科学只被用来谋取人类福祉。但现在我们面临着一个两难的选择。正如你们从新闻中听到的，也就是在星期六的生态游行中，你们看到越来越多的人关心地球的状态。这样，我们现在要回答的问题是：我们是否应该全神贯注于改善地球上的生活并面对它的问题，还是应该为了人类居住，去寻找其他的行星？”

火　星

火星是离开太阳第四近的行星。
离开太阳的平均距离：14160 万英里（22 790 万千米）
赤道直径：4 228.4 英里（6 805 千米）
表面积：0.284 × 地球表面积
体积：0.151 × 地球体积
质量：0.107 × 地球质量
赤道上的引力：地球赤道上地球引力的 37.6%

火星是具有铁核的岩石行星。在它的核和红色外壳之间存在一个很厚的岩石层。火星也有一层很薄的大气，大气的绝大部分是不能呼吸的二氧化碳（95.3%）。火星上的平均温度非常低：约摄氏 -60 度（华氏 -76 度）。

火星的表面上有太阳系中最大的火山

其中最大的叫做奥林匹斯山。从一边到另一边，它覆盖了 403 英里(648 千米)宽，15 英里(24 千米)高的圆盘状区域。地球上最大的火山是在夏威夷。它叫 Mauna Loa，并且从大海平面算起的高度达到 2.54 英里（4.1 千米）——如果人们从海洋底，它的基础开始之处测量，它上升了 10.5 英里(17 千米)的高度。

房间里所有的科学家都安静下来，显得非常严肃。乔治看着他们把答案写在一张张的小纸条上,然后埃里克将这些纸条收到帽子里。包括埃里克和红头发演讲者，一共有八位科学家投了票。接着,埃里克一张张地打开小纸条。

“地球。”

“地球。”

“另一颗行星。”

“另一颗行星。”

由于火星拥有大气，人们可以谈论火星天气。它和一个非常寒冷的沙漠覆盖的地球上会出现的天气非常相似。那里经常发生沙暴，人们还观察到规模比英国 10 倍还大的水冰云的巨大气旋风暴。

- 人们相信火星曾经一度处于合适的温度,可让液态水在它表面上流动并冲击出水道,我们现在可以在它表面上看见那些水道。今天,只有在两极的冰帽可以确认水的存在,水 – 冰和固体的二氧化碳在那里混合在一起。

- 然而,在 2006 年冬天,科学家在火星表面上看到新形成的沟壑的照片,暗示了一个惊人的可能性:火星上仍可能有液态水,它藏在表面之下的深处。

火星有两个小月亮:
火卫一和火卫二。

“另一颗行星。”

“地球。”

“地球。”

“另一颗行星。”

“呵呵，”埃里克说，“看来我们的投票结果是不分胜负。”

红头发的克兹克扎克教授举起手来。“我可以提个建议吗？”她问道。其他人点点头。她站起身。“乔治，”她直接对这男孩说道，“我们可能对这件事缺乏眼界，因为在座的几乎所有的人都是自己领域的专家。因此也许你可以告诉我们你是怎么想的。”

此刻，所有科学家都望着他。乔治觉得非常害羞，他沉默了一会儿。

“说出你真实的想法。”克兹克扎克教授低声说。

乔治将手指在腿上搓着，想起他父母和绿色运动的推行者。接着他想起在太空旅行以及去外头寻找另一家园的激动。然后他听到自己对科学家们说道：

“为什么我们不能两个都做？”

第二十一章

当埃里克和乔治向科学家同仁挥手告别时,埃里克说道:“乔治,你绝对正确。”现在会议结束了,科学家们都走了。乔治和埃里克回到书房里,那里散落着饼干包装纸、没有喝光的茶、旧的圆珠笔,还有折成飞机形状的会议文件。“我们必须努力拯救这个行星并寻找一个新的。我们不必限于只做这个或只做那个。”

“你认为你们,”乔治问,“我是说,你和你的朋友将同时做两件事?”

“噢,我认为是的。”埃里克说,“也许我们可以在下次会议时邀请你父母来?你知道,乔治,几天前,我听到你父亲在抗议气候改变游行时的演讲。也许我们可以采用他的一些好主意?”

“噢,不,不要那样做!”乔治惊慌地说,他绝不相信他父亲会赞成埃里克和那些友好的科学家的观点,“我认为他不会喜欢参加。”

“他也许会让你惊奇,”埃里克说,“如果我们要做出任何拯救地球的业绩的话,我们大家就要一起工作。”他开始清理科学家造成的脏乱。他们似乎留下极多的物件:夹克、帽子、短褂——甚至还有一只鞋。

“你顺便来道歉实在太好了。”埃里克说,他把一大抱丢弃的衣服集中在一起。

“呃,实际上,”乔治承认道,“那根本不是我来这里的原因,”埃里克将衣服放在屋角,转过身来看他。“我报名参加科学演讲比赛,”男孩紧张地说,“它有点儿像你们的研讨会,只不过那是孩子们的演讲,而且头奖是一台大电脑。我已经尝试着写了一些东西,但我十分担心,我的演讲里有很多错误,大家将会嘲笑我。”

“是的,安妮告诉我你演讲的事,”埃里克严肃地说,“我有些东西也许可以帮助你。有意思的是,我在你的彗星旅行之后,有了一个想法。我决定为你和安妮写一部关于宇宙的书——我已经做了一些笔记。这些笔记也许对你的科学演讲有帮助。”他拿起一盘饼干,“吃一块!补脑食品。”

乔治吃着剩下的饼干。

“我有个建议,你看这样好吗?”埃里克体贴地说,“如果你能帮我把书房弄整洁些——安妮给我留下非常严格的指示,在她外出时,我不能把房间弄乱——然后我们可以讨论你的科学演讲,我将先看一遍我为你写的笔记。这个交易算公平吗?”

“噢,是的!”乔治说道,他很高兴埃里克的允诺,“你想让我做什么?”

“嗨，多半是打扫卫生之类的事。”埃里克含糊地说。他说话时,随便地斜靠在一叠没有放稳的椅子上，一不小心把它们推倒了,发出一阵很响的声音。

乔治大笑起来。

“你看到为什么我需要帮助了吧？”埃里克带着歉意地说,但他的眼睛因为笑而闪烁着光芒,“我将把这些椅子搬走,或许你可以擦擦地板上的尘土？你介意吗？”

地毯上印满了科学家的脚印，他们中没有一个人能记住进屋前在地垫上擦擦脚。

“根本不介意。”乔治说道,一边把最后的一块饼干塞进嘴里,一边向厨房跑去。他在厨房里找到扫帚和簸箕。回到书房,他开始清扫一些最脏的地方。在他打扫时,有片纸粘在扫帚上。他把纸片从扫帚的硬毛上取下,正准备把它扔掉时,却发现那是一封致埃里克的信,这封信的笔迹看起来熟悉得有点令他奇怪。

“看看这个！”他把这短笺交给埃里克,“一定是有人投送的。”埃里克接过纸片将它打开,乔治还在继续扫地。忽然他听到一声大喊。

“尤里卡(希腊语,译为我发现了)！”埃里克喊道。乔治看过去,埃里克就站在那里,手里拿着那张纸,神情非常愉快。

“发生了什么？”乔治问他。

“我刚收到一个最令人惊奇的信息！”埃里克大声说,“如果这是正确的……”他再次盯着那张纸看,把它举到离自己的厚镜片很近的地方。他自言自语地低声说出一长串数字。

“什么？”乔治问道。

“等一下。”埃里克似乎正在进行心算。他弯着手指点数着要点，扭歪了脸，搔着自己的头。“对！”他说道，“对！”他把那片纸塞进口袋，然后拉着乔治站起来，并拖着他快速旋转，“乔治，我已经得到答案了！我认为我知道了！”埃里克忽然丢下他，跑到 Cosmos 那儿去，开始打字。

“你知道了什么？”乔治说道，他有点头晕。

“伟大的流星！这太精彩了。”埃里克正疯狂地在电脑键盘上打字。Cosmos 的屏幕上射出一道巨大的闪光，直至屋子的中央，乔治看到这台电脑再次造出一个门道。

“你要去哪里？”乔治问道。埃里克正把自己硬套进一件太空服中，但他是那么着急，甚至将双脚放到了一个裤腿里而跌倒。乔治把他拉起来，并帮他穿上太空服。

“这么令人激动！”他一面把太空服扣紧，一面说。

“什么事这么激动？”乔治问，现在他感到很惊慌。

“这封信，乔治。这封信。这可能就是它！这也许正是我们一直在寻找的东西。”

“这封信是谁写的？”乔治问道，不知道为什么，他的胃部感到不舒服。

“我不敢确定，”埃里克承认，“那上面并没有说。”

“那你不该相信它！”乔治说，

“噢，不对，乔治。”埃里克说道，“我猜测是什么人在研讨会上写的，他要我利用 Cosmos 去核对信息，我猜他们在向整个科学界公布之前，需要知道它是否正确。”

“那么他们为什么不直接求你呢？为什么写这封信？”乔治想追根究底。

“因为，因为，因为，”埃里克说道，听起来有点烦躁，“他们这么做大概是有原因的，待我旅行回来再找出这个原因吧。”

现在，乔治看到 Cosmos 的屏幕上布满一串串的数字。“那是什么？”他问道。

“那是我的新的旅行坐标。”埃里克说。

“你现在就要去吗？”乔治伤心地问，“那我的科学演讲怎么办？”

埃里克突然停下来。“噢，乔治，真对不起。”他高声说，“但我真的必须走，它太重要了，所以不能等了。在没有我的情况下，你的演讲仍将没有问题！你将明白……”

“但是……”

“不要但是，乔治。”埃里克戴上他的玻璃太空头盔，并且再次操着那滑稽的太空声音说道。“非常谢谢你找到那封信！它给了我一个极为重要的线索。现在我必须走了。再……再……再……见！”

埃里克跨过大门，乔治还没来得及再说一个字，埃里克就已经进入太空了。大门在他身后砰地关上，乔治孤独地留在书房里。

第二十二章

通往太空的门关上后，书房一瞬间处于死亡般的寂静。一阵播放的微弱音调打破寂静。乔治环顾四周，想找到谁在那里哼鸣，但突然意识到那是 Cosmos。它计算出一长串数字，并在屏幕上显示这些数字时，唱小曲自娱。

“巴……巴……巴……巴，”Cosmos 轻轻地嘟嘟着。

“Cosmos，”乔治说道，他很不高兴埃里克突然离去，他当然不喜欢口哨吹唱欢乐的调子。

“通……提……通……提，”Cosmos 回答。

“Cosmos，”乔治再次问道，“埃里克去哪里了？”

“特拉……拉……拉……拉，”Cosmos 快乐地继续哼道，它的屏幕上滚过大量的无穷无尽的数字。

“Cosmos！”乔治又说了一遍，这次他更着急了，“不要唱了！埃里克去哪里了？”

电脑停止哼唱。“他出去寻找新的行星，”它说道，听起来有点儿吃惊，“我感到遗憾你不喜欢我的音乐，”它继续说，“我只在工作时才唱歌，乒……乓……乒……乓，”它又开始了。

“Cosmos！”乔治大喊，“他在哪里？”

“呃，很难讲，”Cosmos 回答道。

“你怎么可能不知道？”乔治惊讶地说，“我以为你无所不知呢。”

“可惜不是。凡是没有展示给我的东西，我都不知道。”

“你是说埃里克丢了？”

“不是，没有丢。他的旅行为我展示新的地方，我跟随着他，并绘制宇宙图。”

“行，”乔治说，因得知埃里克没丢而松了一口气，“很好。我想他去看的一定是某种非常特殊的东西，否则他不会这么匆匆忙忙地离开……”

“不，不，”Cosmos 打断他的话，“仅仅是宇宙的另外的还未发现的部分，整个也就是一天的事。”

乔治感到有些困惑，如果情况真的如此，为什么埃里克如此匆忙地赶到太空去？他已经把埃里克当作朋友，不像其他大人，埃里克会把自己的打算和理由向他解释，但这次却没有这么就走了。

一瞬间，乔治想抓过一套太空服，请求 Cosmos 打开门道去与埃里克会合。但紧接着，他就想起，自己和安妮未经允许闯入太空之后，埃里克是多么的暴怒。乔治伤心地意识到，现在他只能回家去。也许埃里克并不把他当做真正的朋友，只不过是另一个大人，那些大人对乔治是否理解事物根本无所谓。他拾起打湿的外衣和书包，向门口冲去。Cosmos 仍然自个儿哼它的小曲。

乔治打开埃里克的前门打算离去。正当他要迈步走上街道时，他的记忆忽然闪了一下。今天他来见埃

里克是为了两件事,但他只告诉埃里克其中的一件——科学演讲。在激动中,他完全忘记警告埃里克有关雷帕博士和他那些奇怪的问题。

那封信!乔治现在想起来了。那是格雷帕!乔治无意间听到他求那些流氓去递送一个短笺!那一定是埃里克收到的信!而且雷帕还问过埃里克是否消失了! 乔治转身冲进屋子,他身后的门还敞开着。

在书房里,Cosmos 仍然在工作。在它前面的书桌上,乔治认出那封让埃里克极其兴奋的信。他把信看了一遍,当他意识到是什么人写的时候,双手都在发抖。

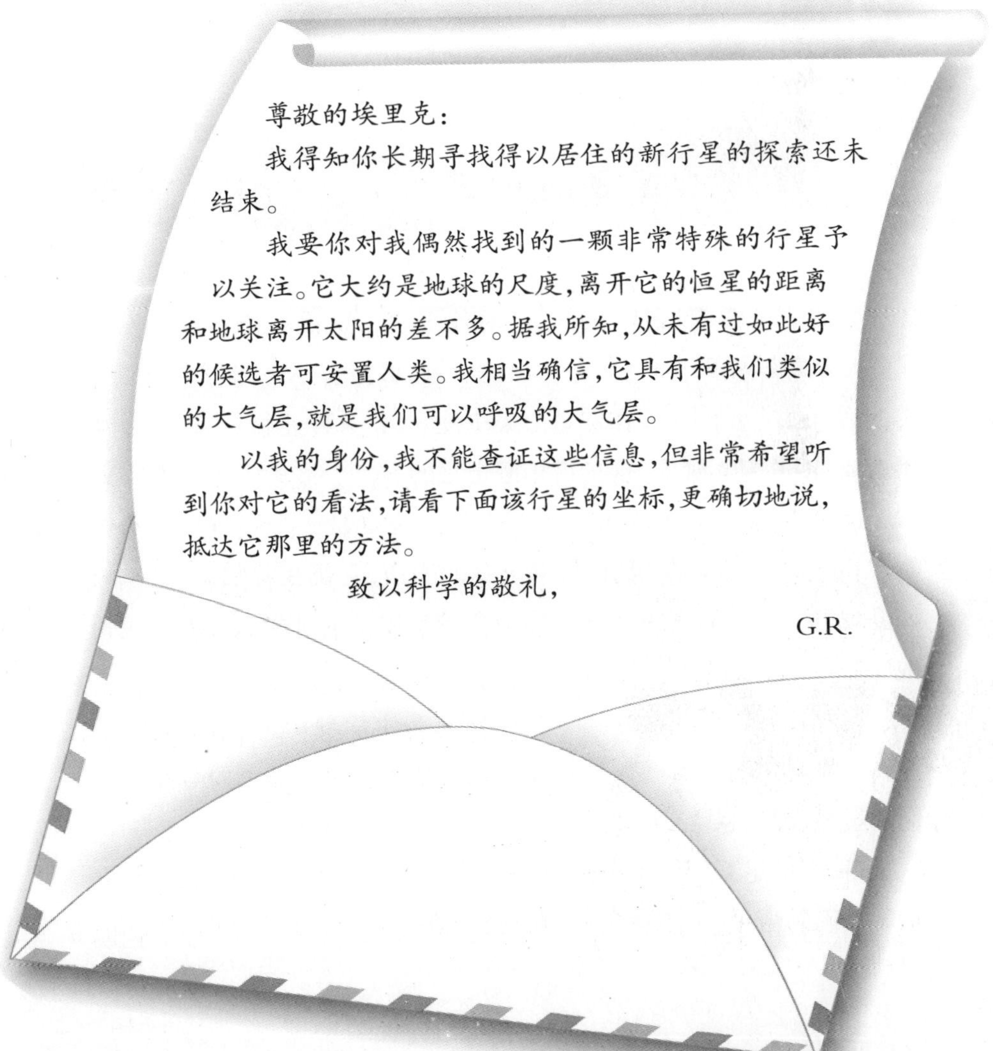

尊敬的埃里克:

我得知你长期寻找得以居住的新行星的探索还未结束。

我要你对我偶然找到的一颗非常特殊的行星予以关注。它大约是地球的尺度,离开它的恒星的距离和地球离开太阳的差不多。据我所知,从未有过如此好的候选者可安置人类。我相当确信,它具有和我们类似的大气层,就是我们可以呼吸的大气层。

以我的身份,我不能查证这些信息,但非常希望听到你对它的看法,请看下面该行星的坐标,更确切地说,抵达它那里的方法。

致以科学的敬礼,

G.R.

乔治完全知道谁是“G.R.”。对他来说，这手写体再熟悉不过了——从他学校的报告中，他认出这字迹，那报告通常都写着诸如此类的话：“除非乔治学会在课堂上集中注意力，并停止做白日梦，否则不会成器。”毫无疑问，这是雷帕博士写的。

而且格雷帕知道 Cosmos 的存在！这肯定是一个陷阱！乔治想着。“Cosmos！”他大声喊道，打断电脑的工作，它仍在哼唱《小星星闪闪亮》的曲子。“你现在必须立即把我带到埃里克那里去！你能找到他吗？”

“我可以试试，”Cosmos 回答。它的屏幕上出现一串图像。第一张像一个海星，长长的臂膀，弯曲成旋涡的某种东西。那上面写着：“我们的星系：银河系。”

“我们的星系银河系由大约 2000 万颗恒星组成，”Cosmos 开始说道，“我们的恒星，太阳只是它们中的一颗……”

第二十三章

“别说了！”乔治咆哮道，“不要再给我讲课了！我没时间了——这是紧急情况，Cosmos。”

银河系的画面迅速地向旋涡中推进，仿佛 Cosmos 因乔治兴趣不大而生气了。乔治可以看到旋涡的确是由无数恒星组成的。图像飕飕地通过这些恒星，终于来到一个似乎什么都没有的地方。图像停止运动。屏幕看起来像被割成两块。屏幕的下半部布满恒星，而上半部除了一条细线之外全是空的，那条细线正向屏幕的顶端运动。屏幕空的那部分似乎对应于宇宙的未知部分——细线的移动似乎正在弄清这未知的部分。

一个移动的箭头正指向细线的上端，一个小标签附在箭头上。但字写得太小了，乔治几乎看不出上面写了什么。

“它写的是什么？”乔治问。

Cosmos 不回答，但标签在变大，乔治看到上面写着:“ERIC”。

“他在那里！给我打开入口！

邻近那个箭头。”乔治命令道，在 Cosmos 的键盘上按“ERIC”键。

“乔治是这个团体的成员。予以批准。需要太空服。”Cosmos 以一种习惯性地执行命令的机器声音说道。

乔治在一堆太空服中翻找，但找不到他以前穿过的那件。埃里克的旧太空服都太大，他不情愿地拿起安妮那件旧的粉色的来充数，有些紧，他觉得很可笑，但由于在太空中他将只见到埃里克，他核计了一下，穿上这件衣服也没什么大不了的。他一扣上这件贴身的装饰着闪光亮片的太空服，Cosmos 就画出通往太空的门道。

乔治走近前去，并打开门。他的手抓住大门框，探出身子看了一下四周，而他的脚仍然站在埃里克的书房里。太空的这一部分和他以前看到的非常类似，但这次在他周围没有任何行星。不太像 Cosmos 屏幕上显示的——根本没有被切成两块。到处都是发着光的恒星。然而，他却看不到埃里克。

“埃里克！”乔治高声喊着，“埃里克，你能听到我吗？”

没有回音。

也许他所在的地方不对。

乔治回头看书房，在 Cosmos 的屏幕上，标有“ERIC”的箭头仍在那里。在箭头旁边，他看到了标有“GEORGE”的新箭头。他意识到，他在大门外看到的东西还未在 Cosmos 的屏幕上显示出来。Cosmos 必须先处理信息，只有当它处理过信息之后，才会在屏幕上展示出来。

乔治再次将身子从大门探到太空去，并确信自己不会掉下去，“埃里克！你在哪儿？你能听到我吗？”他大声喊叫。

“谁在叫我？”回答透过乔治头盔中的传声器微弱地传过来。

“埃里克！你在哪里？你能看见那门道吗？”

“噢，你好！乔治，我看见了。现在不要喊了，你把我耳朵都震痛了。我正从你的左面对着你飞来。”

乔治向左面看去，那儿有一颗微小的小行星正慢慢地通过太空行进。埃里克坐在上面，两只手各抓住一段绳索，绳索联结着嵌入岩石的尖钉。他显得非常自在。

“你在做什么？”他问道。

“回来！”乔治喊道，试图不高声喊叫，但语调却非常紧急，“那封信正是格雷帕发给你的。这是我的错！我对他提到过 Cosmos！”

“乔治,”埃里克坚定地回答,“我此刻正在工作,我们只能以后再谈这些事。你肯定不应该对任何人提起 Cosmos。关上大门,乔治,回家去！”

“你不明白！”乔治说道,“格雷帕博士很可怕！我知道他,他是我的老师！这肯定是个陷阱！现在就回来！请你回来！今天早上他还问我你是否已经消失了！”

“够了！不要犯傻了！看看四周,根本没有任何危险物,”埃里克不耐烦地说道,“现在就回家去,并且忘记 Cosmos。我很后悔,究竟是否应该向你展示电脑。”

乔治看了一下埃里克的岩石。在几秒钟内,它将近到足以让他跳上去。乔治在书房里向后退了几步,停了一下,然后向大门跑去,并跨过门朝着岩石尽可能远地跳去。

“神圣的行星！”他听见埃里克说,“乔治！抓住我的手！”

第二十四章

乔治一边在太空飞驰，一边刚好抓住埃里克的手。埃里克将他拉到岩石上来，乔治坐在他身边。在他们后面，通往埃里克书房的大门消失了。

“乔治，你是不是疯了？如果我没有抓住你的手，你就可能已经永远丢失在太空中！”埃里克说道，听起来他又震怒了。

“但是……”乔治说。

“不要作声！我正在把你送回去。立刻就送！”

“不！”乔治大喊道，“你听我说！这是极其重要的。”

“什么？”埃里克说，忽然他意识到乔治的声音中有某种很不正常的东西，“怎么回事？乔治？”

“你必须和我一起返回！”乔治紧张地说，“我实在是太对不起你了，都是我的错。我告诉了学校的老师有关 Cosmos 的事——我告诉雷帕博士，后来他

就给你发来了那封有关行星的信！”埃里克还没来得及张口，乔治又紧接着说，“今天上午他问我你是否已经消失了！他问了，这是真的！这是一个诡计，埃里克！他要对你干坏事，毁灭你！”

“格雷帕……雷帕！……我明白了！”埃里克说，“那么这封信是格雷安来的！他又找到我了。”

“格雷安？”乔治惊愕地问。

“是的，格雷安·雷帕，”埃里克平静地回答，“我们习惯叫他格利姆。”

“你认识他？”在他的太空头盔下，乔治震惊得直喘粗气。

“是的，我认识。很久很久以前，我们在一起工作。但我们有过一次争论，导致一次可怕的事故。雷帕被烧伤得很厉害，事故之后，他就单干了。因为当时我们那么担忧，不知道他还会闯什么祸，于是就终止了他的团体成员的资格。你知道在那封信里，他发给我什么信息吗？”

“我知道，”乔治说，同时记起了埃里克如何没说再见就离去的情景，“那不过是另一颗行星。”

“只不过是另一颗行星？乔治，你一定在开玩笑！格雷安告诉我的行星是一颗人类可以生活的！我长期寻找这样一个地方，而它就在那里！”埃里克伸手指向他前面的两个小点——一个大些明亮些，另一个小些黯淡些——并加上一句，“就在那里！那里，大的亮点是一颗恒星，而较小的亮点是我们正在

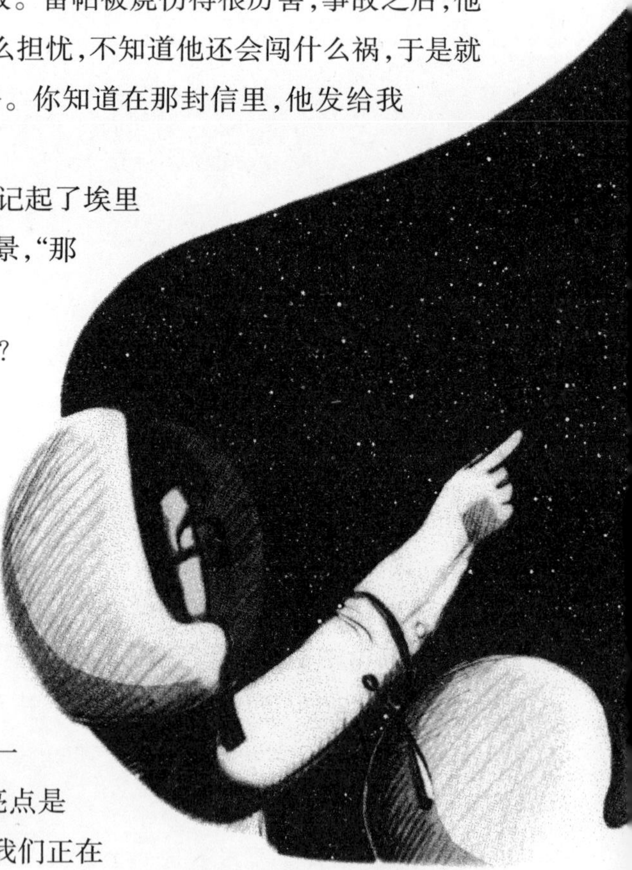

前往的行星。它自身实际上并不发光——它只反射恒星的光，正如在晚上，月亮反射太阳光一样。”

“但是格雷帕是很可怕的！”乔治发出异议，他真不理解，在危急时刻，为什么埃里克和 Cosmos 总是摆出演讲的样子，“他绝对不会就这么合作地给你那颗行星的坐标！那肯定是一个诡计。”

“噢，算了吧，乔治，”埃里克说道，“你知道，我可以让 Cosmos 在我要求下，随时打开门道入口，把我们再次送回家。我们相当安全。你的老师和我过去有过分歧，这是真的。但我猜想，他已经决定将那置于脑后，并且共同努力去探索和理解宇宙了。而且我已经在我们的头盔上安装多个新天线。现在即使它们受到损坏，我们仍然能和 Cosmos 通信联系。”

“你为什么不让 Cosmos 就把你直接送到那里？让我们就这么做吧——让我们回到你的书房。”

“啊哈！”埃里克说，“我不能那样做。Cosmos 不知道我们前面是什么，而这正是我的任务——去电脑不能去的地方。当我去了某个新地方之后，我们可以利用 Cosmos 再次到那里去，正如你刚刚到这里找我一样。但首次旅行还得我亲自来做。”

“你能肯定这是安全的吗？”乔治问道。

“我确定。”埃里克自信地说。

他们沉默了一会儿，乔治开始感觉好了一些。他设法不再去想格雷帕。他向四周张望，看自己身在何处。在他急切地警告埃里克时，他已经完全忘记自己是在太空中的一块岩石上。

埃里克的运气还不算太坏，周围的一切似乎都还平静。他们可以看清所有的方向，随着他们乘坐的岩石接近，恒星和它带领的行星显得越来越大。

但是随后，岩石的轨道开始出现问题。正如乔治的彗星飞掠巨行星和地球时改变方向一样，他们的岩石似乎也骤然改变了方向。但这次改变，使他们似乎看不到任何行星。现在岩石正向完全不同的方向冲去，偏离了那颗遥远的行星，而那行星正是埃里克特别想看的。

"怎么回事？"乔治问埃里克。

"我不敢确定！"埃里克回答，"环顾四周，如果你在天空中看到任何没有恒星的地方，请立刻让我知道。Cosmos，打开门道入口，以防万一。"

Cosmos 似乎没有听到埃里克的要求，附近没有出现门道入口。

乔治和埃里克看着岩石前进的方向。他们的四周，到处都是恒星——除了他们右边的一个区域，那里有一小片天空没有恒星，但那一片一直不断地越变越大。

"在那边！"乔治指着正在变大的黑暗区域，对埃里克说道。围绕着它的恒星以一种非常奇怪的方式运动着，太空本身好像被它弄得变形了。

"哦，不！"埃里克大叫，"Cosmos,立刻打开门道入口！立刻！"

但是门道入口并没有出现。

"这是什么？"乔治害怕起来，问道。

现在黑暗的区域已经覆盖了他们看到的多于一半的太空，而他们还能看到它外面的恒星都在飘忽不定地运动，尽管它们在那区域之后很远的地方。

“Cosmos！”埃里克再次高声喊叫。

“正在努……力……”Cosmos 以非常微弱的声音回答，但什么都没有发生。

乔治开始不知所措了。在他们面前，黑暗区域正在变得极为巨大。围绕乔治和埃里克的整个空间都翘曲了，而且他们的左方和右方开始出现一些暗块。乔治不再能区分上下左右。他所能确知的是，在所有的边上，暗块越变越大，就像要把他们全部吞噬似的。

“Cosmos！赶快！”埃里克大喊。

在他们前面，一扇非常模糊的门道开始出现。埃里克抓住乔治太空服上的带子，把他朝那里抛去。当他飞越时，乔治看到埃里克也试图接近门道。他在喊着什么，但是他的声音被畸变了，很难明白他在说什么。

就在乔治登陆埃里克书房的地板时，大门关上和太空景观消失之前，乔治看到暗块将埃里克整个吞没。就在那时候，他才明白埃里克刚才说过的话。

“找我的新书！”埃里克大喊，“找我论黑洞的书！”

第二十五章

乔治经过大门落下，并砰的一声重重地跌在地上。从太空回到埃里克书房的旅程已经使他筋疲力尽，他只好在地板上躺一会儿，喘息一阵，才能爬起来。当他摇摇摆摆地站起来，希望看到埃里克在他后面急遽地冲过门道，但他只见大门的轮廓，这轮廓变得模糊，呈波状的弯曲，似乎正消退于无。他大声叫喊，“埃里克！”但没有回答。极短的瞬间里，大门就完全消失了。

“Cosmos！”乔治高喊，解下他的玻璃头盔，“快！Cosmos，我们必须将……”

但是，当他转身面对这台伟大的电脑时，他再次震惊了。Cosmos本应待着的地方，只余下一个空洞，一堆带颜色的电线乱七八糟地散在那里。乔治胡乱地环顾四周，看到书房的门半开半闭。他穿过书房进入门厅，发现前门大开，寒夜的空气吹进来。他来不及脱掉太空服，就急忙冲到街上去。在街上可以影影绰绰地看出四个男孩，他们正沿着街道跑着。其中的一个正拿着庞大的软式背包，背包顶上有些电线戳了出来。乔治穿着笨重的太空服，尽可能快地追赶他们。他蹒跚而行，风传过来熟悉的声音。

“喂，你要小心！”乔治听到林戈的喊叫。

“嘟！嘟！”软式背包发出声音，“非法行动！未授权的命令！”

“什么时候，你才不吱声？”坦克喊道，正是他拿着那个背包，“甚至在不插电的情况下，它怎么还会说话？”

“救命！救命！”机械的声音从背包里发出，“我被劫持了！我是世界上最令人惊奇的电脑！你不能这样对待我！警报！警报！”

“它很快就会用光电池。”小灵狗说。

“放开我，你们这些恶棍！”软背包中的声音继续说，“这样的蹦蹦跳跳对我线路很有害！”

“我不想把它拿到更远的地方去了。”坦克说，忽然停了下来。

乔治立刻原地停下。

“其他人来接替。”他听到坦克说。

“行。”林戈用威胁的口气说，“放在这里。现在，小电脑。在余下的路途中，你别吱声。否则的话，我将把你砸成碎片，让你只剩下一堆芯片。”

“哎哟！”电脑说道。

“你明白吗？”林戈以凶狠的口气说道。

“当然我明白，”电脑傲慢地说，“我是 Cosmos，世界上最令人惊奇的电脑。我的程序可以理解如此复杂的概念，甚至你去想……你的脑袋都会爆炸。”

“我说，”林戈咆哮着，打开背包的上端，向下喊道，“闭嘴！这两个字总能明白吧，你这蠢蛋？”

“我是一台喜欢安宁的电脑，”Cosmos 小声回答，“我不习惯威胁或者暴力。”

“那么就别吱声，”林戈回答，“我们不会威胁你的。”

“你们要把我弄到哪里去？”Cosmos 小声问。

“到你的新家去，”林戈说道，肩负起这背包，“快点儿，伙伴们，让我们去那里。”男孩们再次开始奔跑。

乔治摇摇晃晃地尽快地跟在他们后面，但他跟不上。几分钟后，他们就消失在多雾的暗夜里。跑更远已经没有意义了——他不知道他们走到哪条路上去了。但即便如此，他仍然可以肯定是谁要林戈和他的一伙破门而入，并偷走了 Cosmos。而且他还知道，这便是找回这

台超级电脑的第一步。

林戈和其他男孩子融入了黑夜，乔治转身走回埃里克的房子。那里的前门仍然大开着，他走进去，径直走到埃里克的书房。埃里克告诉过他去寻找那本书——但究竟是哪本书？这书房里到处都是书——它们在书架上，从地板一直伸展到天花板。乔治挑出一本大部头的书，看看封面。封面上印着《欧氏量子引力》。他费力地读了一点点：

……因为滞后时间坐标在事件视界达到无限，解的常相面将在事件视界附近积聚。

木星是太阳系中最大的行星。右边的黑点是木星一颗卫星的阴影，左边的大红斑是一团风暴，从地球观测，它存在了 300 多年。

木卫一

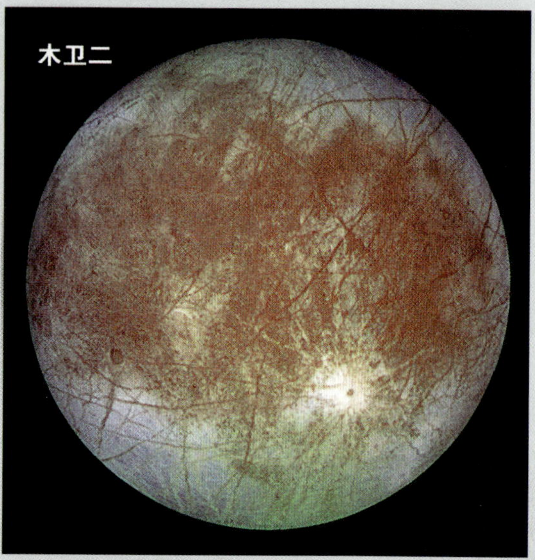
木卫二

木卫三

木卫四

木卫一是木星最大的卫星，以其强烈的火山活动而著称。木卫二被认为在其冰壳之下，隐藏着一个 60 多英里（100km）深的液体水海洋。木卫三上有许多古代撞击的陨石坑，而木卫四上探测到有浸蚀过程。

2005 年 5 月 19 日，火星探测漫游卫星“幽灵”号看到了火星上的日落。

火星，其中心的橘色区域是一团大的尘暴，而顶部和左边的蓝白色区域是水冰云层。

火星及其卫星。

火星的卫星太小了，以致不能成为圆球状的。这是最大最内层的火卫一。

这是最小最外层的火卫二。

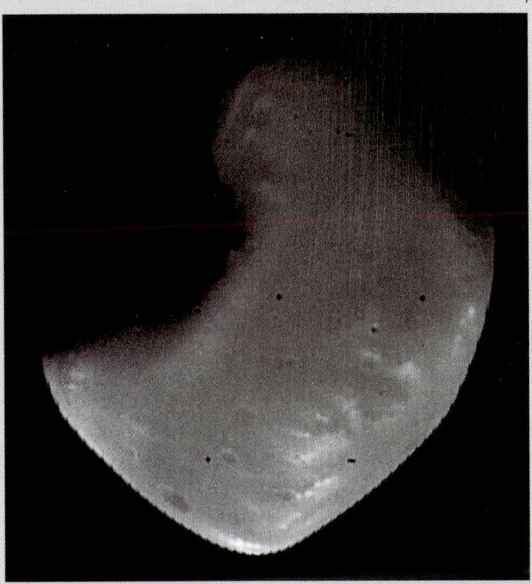

从哥伦比亚山脉的一个山峰哈斯邦德(Husband)山顶看到的火星景观，它于2005年8月由探测漫游卫星“幽灵”号拍摄。哥伦比亚山脉是为了纪念哥伦比亚号航天飞机上遇难的天文学家而命名的。

矮行星谷神星的计算机处理图。谷神星是小行星带中最大的一个天体，还没有太空船到达任何一颗小行星。

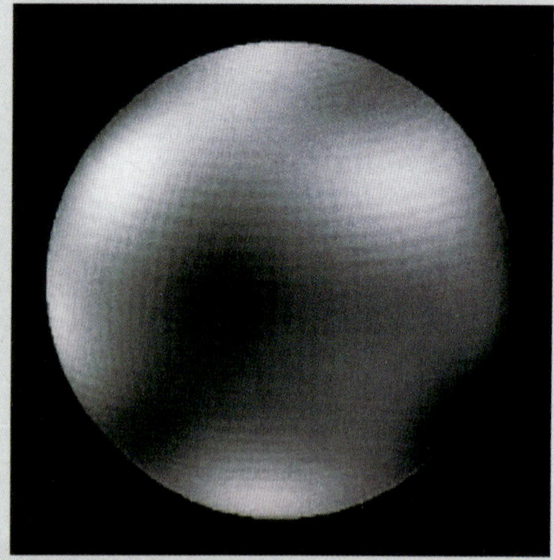

哈勃空间望远镜关于矮行星冥王星的计算机处理图像。

矮行星阋神星(Eris)的计算机处理图。阋神星在太阳系3个矮行星中是最大的和处于最外层的。

这真令人绝望。他对所读的完全不知所云。他试了试另外一本书,这本书的题目是《统一弦论》。他翻动书页,读到书中的一行:“对于一个共形……的方程……”

当他试图理解这是什么意思时,头都痛了。最后他断定,这表明他还没有找对书。他继续环顾书房四周。“找那本书,”埃里克说过,“找到我的新书。”乔治站在书房中间,绞尽脑汁地想。没有 Cosmos,没有埃里克,也没有安妮,那个房间显得非常的空荡。现在乔治和他们唯一的联结就是一件粉红色的太空服,一些纠缠不清的电线以及大摞的科学书。

忽然,他非常想念他们,想得心都隐隐作痛:他意识到,如果不采取行动,他也许永远不能再见到他们中的任何一位了。Cosmos 被偷了,埃里克和黑洞在搏斗,如果安妮认为他的父亲在太空永久消失和乔治有关,她肯定永远不会再和乔治说话了。他必须想想办法。

他竭力集中精神。他想到埃里克,试图想象着他手里拿着他的新书,设想着那书的封面,以便他能回忆起书名。他会把它放在哪里呢?突然乔治明白了。

他跑进厨房,在茶壶边上,果真看到一本叫作《黑洞》的崭新的书。这书的封面已有茶水的污迹以及放热茶杯留下的圆形凹印。现在乔治意识到,这本书就是埃里克自己写的。在书上还有一张贴纸,上面肯定是安妮的字迹:弗雷迪猪最爱的书!在字的旁边还画着弗雷迪的小卡通,就是它!乔治想道。这一定是弗雷迪在这房子里翻天覆地,让埃里克找到的那本新书,当时埃里克是那么高兴，这肯定就是那本书了。

在埃里克的房子里，他还需要一个东西，那是另一本大书，一本有许许多多页的大书。他从电话机旁抓过来那本大书，脱下安妮粉红色的太空服，把两本书胡乱塞进书包，赶回家去。走出来时，他小心地关上了埃里克的前门。

那个晚上，乔治狼吞虎咽地吃完晚饭，就跑到楼上自己的房间里。他对父母说，自己有很多功课要做。首先，他从书包里取出那本很大的书。书的封面写着：电话号码簿。由于他父母没有电话，乔治想他们不太可能有电话号码簿，这就是为什么他要借埃里克的。他在“R”字母下搜索着，找到了“森林路 42 号 G·雷帕博士”。乔治知道森林路——那是出城通往树林的那条路，秋天他父母带他在那个树林里采蘑菇和黑莓。他想今晚不能到那里去了，天太晚了，父母绝不会让

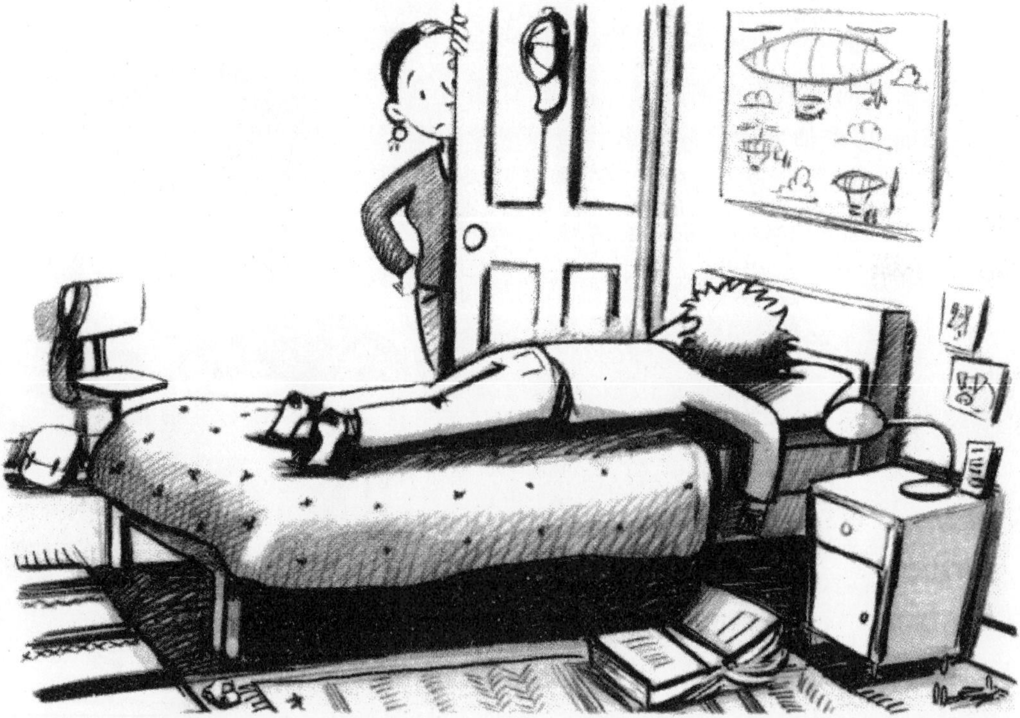

他在这个时候外出。另外，他无论如何都得研读《黑洞》这本书。但是，明天早晨的第一件事，就是在上学途中去雷帕教授家，他希望在那之前做好计划。

他放下电话本，从书包里取出埃里克的《黑洞》一书，极度希望书中包含着解救埃里克所需要的信息。他每次想到埃里克——大约每三分钟就想一次——都心情极端糟糕。他想象，一颗黑洞正试图将他拖入那黑暗的肚子里，而他却不知道如何回来。他一个人在太空该是多么的孤独，受到多少惊吓。

乔治打开书，开始读第一页的第一句话。他读道："我们都在深沟中，但其中的一些人却在仰望星空。"这是引述著名的爱尔兰作家奥斯卡·王尔德的话。乔治觉得这是特意为他而写的：他的确是在深沟中，而他也确实知道有些人正仰望星空。于是他继续读下去。但第一句话是他唯一能理解的句子。下句话是：1916年卡尔·史瓦兹希尔德发现了爱因斯坦方程的第一个黑洞的解析解……

嗨！他无奈地大声叹息。难道这本书又是用外语写的吗？埃里克为什么要他找这本书呢？他根本不能读懂它。而正是埃里克写了这本书！可是每次埃里克对他讲科学，听起来总是那么简单，那么容易理解。乔治眼泪涌了出来。他看着他们蒙难却束手无策：Cosmos，安妮，埃里克。他抓着书躺下，热泪从面颊滚滚流下。敲门声轻轻地响起，妈妈走了进来。

"乔吉，"她说道，"你显得很苍白，亲爱的。你生病了吗？"

"没有，妈妈，"他悲伤地说，"我只是发现家庭作业实在太难了。"

"呃，我不感到惊讶！"《黑洞》已经从乔治手中滑落，妈妈捡起这本书，看了一下，"它是一本专业研究者用的非常艰深的教科书！真是的，我要写信给你的学校，告诉他们这么做是荒谬的。"正当她说话的时候，几页纸从书的后面掉了出来。

"天哪，"乔治妈妈说，把这些纸收好，"我把你笔记掉在地上了。"

“它们不是……”“我的”，乔治欲言又止。在其中一页的顶头上，乔治看到：“为安妮和乔治，把我的那本高深的书改写成的简易版。”

“谢谢，妈妈，”他快速地说，从她那里抓过这几页，“我想你刚好找到我所需要的那些东西，现在我没事了。”

“你确信吗？”他妈妈相当惊讶地问。

“是的，妈妈。”乔治使劲地点头，“妈妈，你真好（you are a star），谢谢你。”

“一个明星（a star）？”妈妈微笑地说，“你说得真好，乔治。”

“不，是真的。”乔治诚挚地说，想到埃里克曾告诉他，所有的人都是恒星（stars）的孩子，“你是。”

“不要太用功了，我的小星星。”乔治妈妈说，并在他的前额上吻了一下。现在乔治开心了。妈妈觉得乔治快乐多了，便走出门，下楼后，把另一盘小扁豆蛋糕放入烤炉。

妈妈刚离开房间，乔治就从床上跳下来，把从《黑洞》书后面落下的所有纸张收集在一起。这些纸张中满是蜘蛛般的小字和小小的曲线，而且编好了页码 1~20 页，他开始读起来。

第二十六章

为安妮和乔治，把我的那本高深的书改写成的简易版（第三稿），开始。

对于黑洞你需要知道的内容：

第一节 | **什么是黑洞？**

第二节 | **黑洞是如何产生的？**

第三节 | **你如何看到黑洞？**

第四节 | **落进黑洞。**

第五节 | **逃离黑洞。**

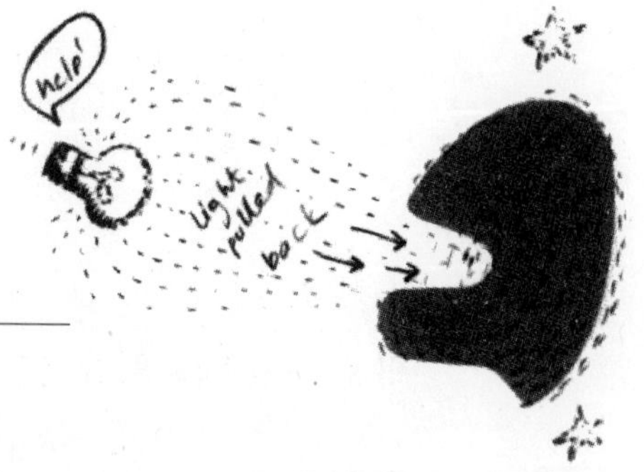

第一节

什么是黑洞？

黑洞是一个区域，在那里引力是如此强大，任何要逃逸的光线都会被拉拽回去。由于没有任何东西能比光行进得更快，所以任何其他东西也会被拉拽回去。于是，你能落到黑洞中去，而永远不能逃出来。黑洞总是被认为是一个终极的监牢，从那里不可能逃逸。落进黑洞犹如从尼亚加拉瀑布坠下：无法回到你来时的同一条路。

黑洞的边缘称作“视界”，就如瀑布的边缘。如果你在边缘的上游，又以足够快的速度划行，你就可以逃开，但一旦你越过这个边缘，就肯定完蛋。

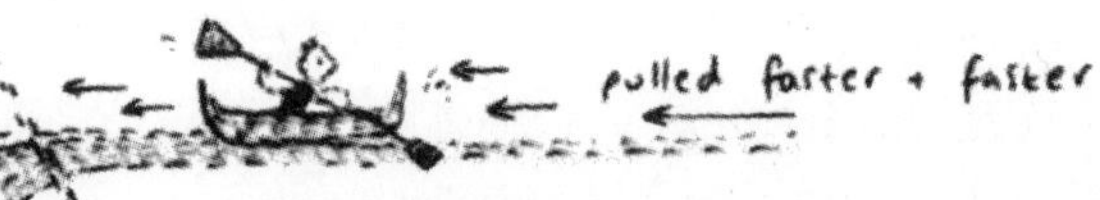

随着更多的东西落进黑洞，它变得更大，而且视界更往外移动，犹如你喂猪一样，你喂得越多，它就长得越大。

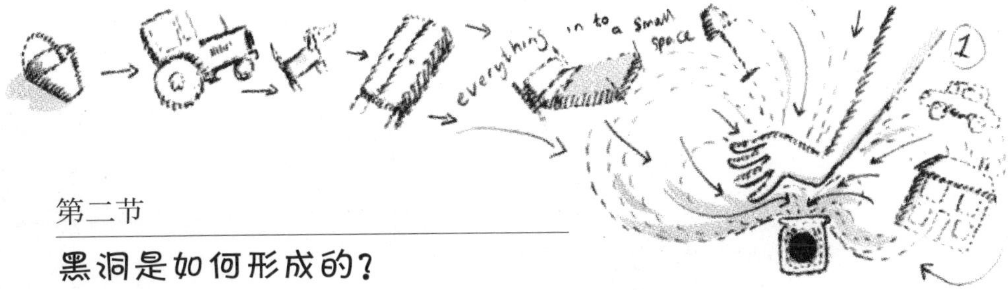

第二节

黑洞是如何形成的？

为了形成黑洞，你必须把非常大量的物质挤压到非常小的空间里。然后引力的拉力是这么强大，光会被拉拽回去，而不能逃逸。

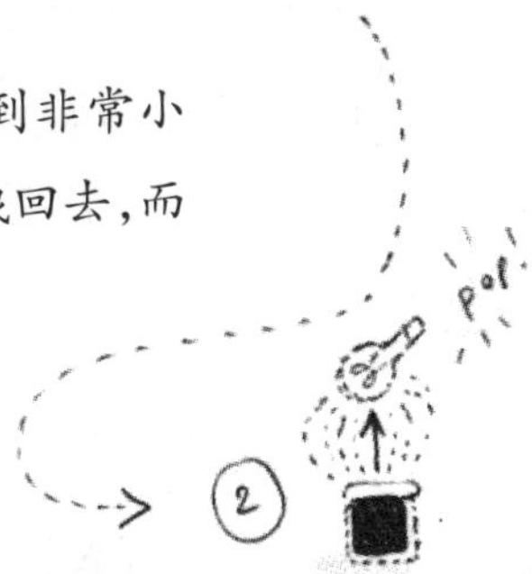

黑洞形成的一个方法是，当燃尽了它们燃料的恒星像巨大的氢弹那样爆发，这种爆发称为超新星。在一个巨大的膨胀的气体壳中，爆发会把恒星的外层推出去，而把中心区域向内部压挤。如果该恒星比我们太阳的尺度的几倍还大，一个黑洞就形成了。

更大得多的黑洞是在星系团或者星系的中心形成的。这些区域包含黑洞和中子星以及通常的恒星。黑洞和其他物体之间的碰撞会产生一个成长的黑洞，它会吞噬一切靠它太近的任何物体。在我们自己的星系即银河系的中心，存在几百万倍太阳质量的黑洞。

中子星

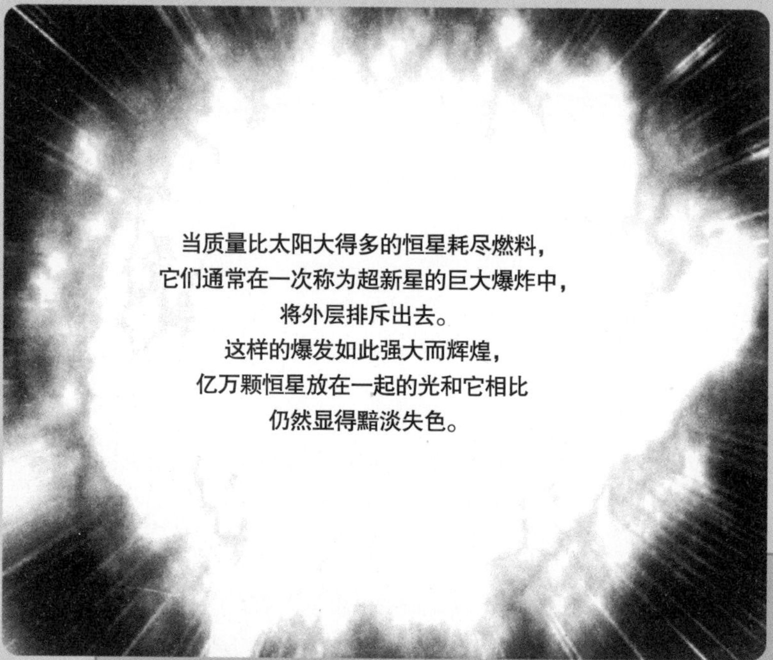

但是有时在这样的一次爆发中，并没有把一切都排斥出去。恒星的核有时能作为一个球留存下来。在超新星爆发后，其残余物非常热：约华氏 180 000 度(摄氏 100 000 度)，但是没有更多的核反应使它保持那么热。

有些残余物的质量非常大，在引力的影响下，它们向自己坍缩直至只有几十英里大小。为了发生这种情形，这些残余物的质量必须在 1.4 和 2.1 倍太阳的质量之间。

这些球的内部压力非常强,使得内部变为液态,厚度大约为 1 英里(1.6 千米)的固体外壳将它包住。这种液体是由中子构成的,中子通常待在原子核的内部,所以这些球被称为中子星。

在中子星内还有其他粒子,但是中子星主要的成分是中子。我们现在的技术还不能在地球上创造这样的液体。

诸如太阳之类的恒星不会产生超新星爆发,但会成为红巨星。红巨星残余的质量不足以大到能使它们在自身引力下收缩。这些残余被称为白矮星。白矮星在几十亿年的时间里冷却下来,直至它们不再发热为止。

用现代望远镜已经观测到许多中子星。由于恒星的核是由在它内部熔炼的最重元素(比如铁)组成,尽管白矮星可以相当小(约地球大小),它们却极重(约为太阳的质量)。

比 1.4 倍太阳质量轻的恒星残余成为白矮星,比 2.1 倍太阳质量更重的残余永远不会停止向自身的坍缩并成为黑洞。

第三节

你如何看到一个黑洞？

答案是，因为光不能从黑洞逃出来，所以你看不到。这就像在黑地窖之中寻找黑猫一样。但你可由黑洞的引力拉拽其他东西的方式来检测黑洞。我们看到恒星围绕着我们看不到的某种东西公转，我们知道这个东西只能是一个黑洞。

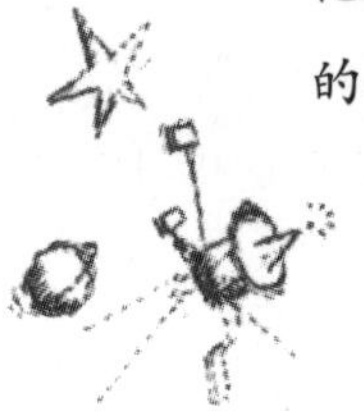

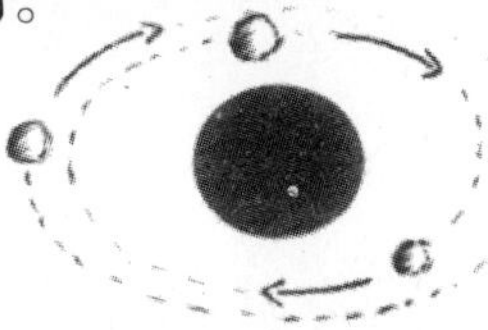

我们还看到气体和灰尘的圆盘围绕着我们看不见的中心物体旋转，我们知道这个物体只能是一个黑洞。

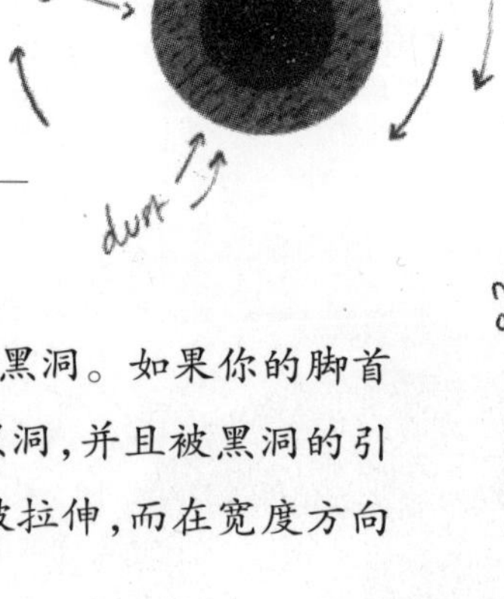

第四节

落入黑洞

正如你可落入太阳一样，你可落入黑洞。如果你的脚首先下落，那么你的脚比你的头更靠近黑洞，并且被黑洞的引力拉得更厉害。这样你在长度方向将被拉伸，而在宽度方向被挤压。

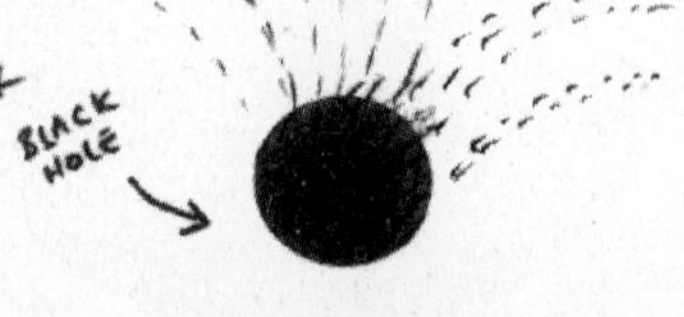

黑洞越大，这种拉伸和挤压就越不厉害。如果你落入一个黑洞，这个黑洞是由一个只具有几倍于我们太阳大小的恒星形成的，那么你甚至在到达黑洞之前，就已被拉碎而变成意大利面条。

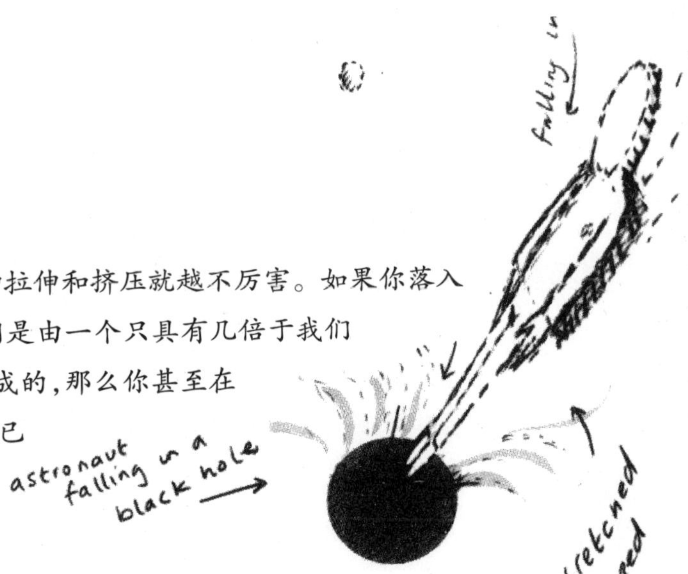

但是，如果你落入一颗大得非常多的黑洞中，你将会通过视界——黑洞的边缘，这个不归之点——不会觉察到任何奇异之处。然而，在远处看你下落的某人永远看不到你越过视界，因为引力将靠近黑洞的时间和空间弯曲了。在他们眼里，当你接近视界时，你将显得缓慢下来，而且变得越来越黯淡。因为你从黑洞近处发出的光花费越来越长的时间旅行出来，所以你变得越发黯淡。如果按照你的手表 11 点正你穿越视界，某个看着你的人会看到该手表缓慢下来，并将永远不能到达 11 点。

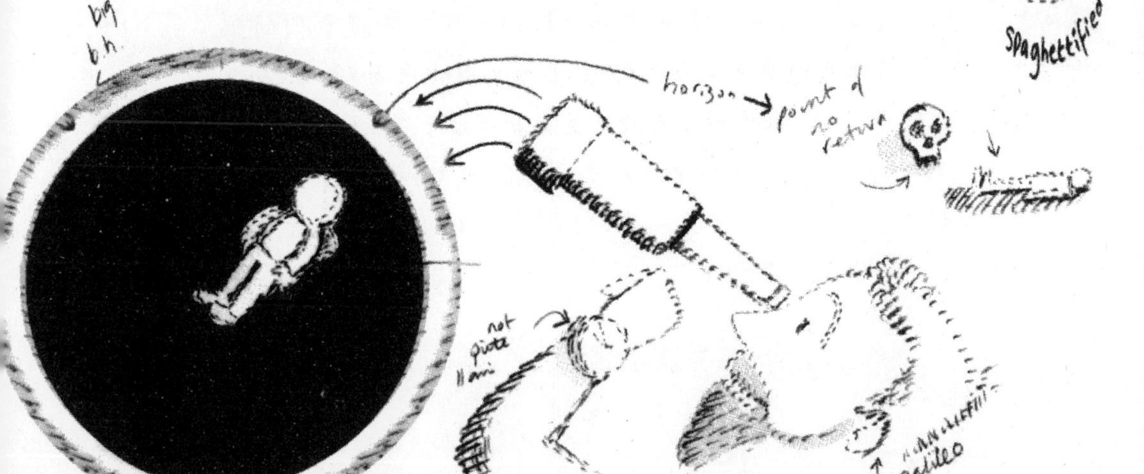

第五节

从黑洞逃逸

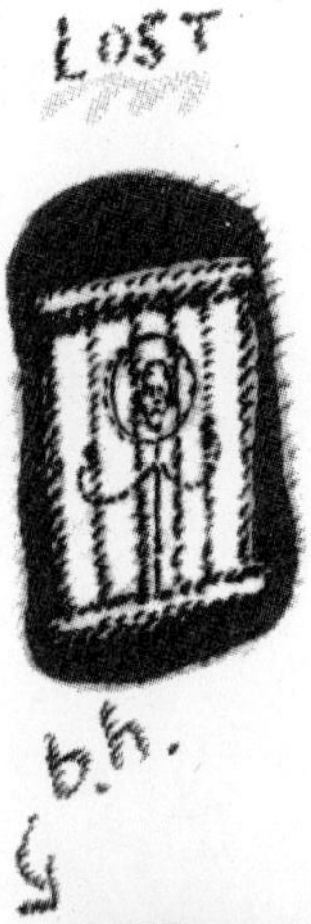

人们常认为没有任何东西可以从黑洞逃逸。毕竟，这就是为什么它们被称为黑洞。任何落进黑洞的东西被认为永远丢失而没有了；黑洞将延续到时间的尽头。它们是永恒的监牢，从那里根本没希望逃逸。

但后来人们发现这个图像并不是完全正确的。空间和时间中的微小的涨落意味着黑洞不能成为一个完美的陷阱，正如人们一度以为的那样；相反，它们会慢慢的以霍金辐射的方式泄漏出粒子。黑洞越大，泄漏的速度就越慢。

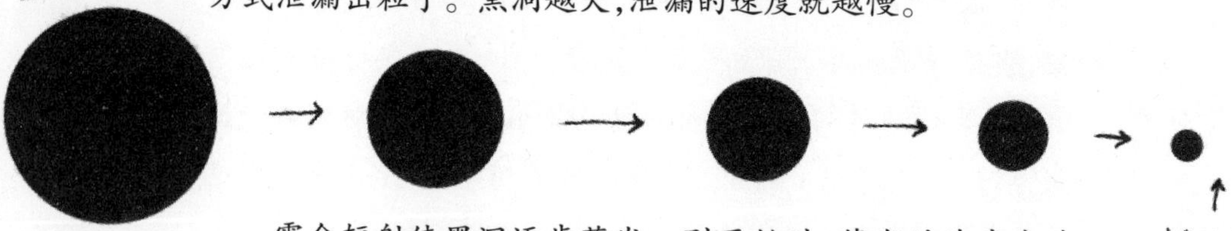

霍金辐射使黑洞逐步蒸发。刚开始时，蒸发的速率会非常慢，但随着黑洞变小，它会加速。最终，在亿万年之后，黑洞会消失。因而黑洞毕竟不是永恒的监牢。但是它们的犯人——那些形成黑洞或者后来落入黑洞的东西——的命运会如何呢？他们将会被再循环成能量和粒子。但如果你非常仔细地检查从黑洞出来的东西，你就能重构原先里面的东西。因此落入黑洞的东西的记忆没有永远丢失，只不过丢失了一个非常长的时间。

你能够从黑洞逃逸！

第二十七章

第二天，学校要举行科学演讲比赛，乔治早早就离开了家。他对猪说再见，亲了一下妈妈，把埃里克的书放进书包，快跑出门，早饭就拿在手里了。他爸爸提议他坐在他双人乘骑的自行车上，送他去上学。但乔治只喊了声，“不，多谢了，爸爸。”就这么走了。他的父母站在前门，觉得仿佛是一阵小龙卷风刚刚扫过屋子。

乔治沿着马路跑，而当他到达主要的岔路口时，他回头张望，看看父母亲中的一位是否还站在门口向他挥手。当他看到他们没在那里，就在街角向左转，而非右转，而右转是去学校的方向。他知道自己没有很多时间，所以尽快地跑。当他跑着，头脑中思绪流动。

他想到埃里克，此刻，他一定会被黑洞这个巨大的威胁物，这宇宙最强大的力量吞没了。他想到 Cosmos，他并不知道能否在他前往的地方找到它。他想到安妮，他将会在比赛中见到她。如果他告诉她，她爸爸中了一个以前邪恶同事的圈套，进行穿越太空的旅行，这个旅行已经使他陷入巨大的危险，她会相信吗？

现在乔治理解了，为什么安妮告诉她这么非凡的故事——在知道宇宙奇观之后，现实生活确实相当枯燥。现在他不能想象没有安妮、Cosmos 或者埃里克的生活。或者说，他可以活着，但至少那不是他要的生活。他必须去救埃里克。他必须去！

乔治不知道，也不能想象为什么雷帕博士要把埃里克扔到黑洞，并把那令人惊奇的电脑偷走。但是他可以猜到，不管雷帕博士想做什么，绝不是有益于人类、科学、埃里克或其他人。乔治确信，不管雷帕博士的意图是什么，它肯定是可怕的。

当乔治往雷帕博士家跑去时，他头脑里想着另外一件事——当天晚些时候的科学比赛。如果他做一个有关太阳系的精彩演讲而赢得头奖，甚至他爸爸都不能对他拥有一台电脑说“不”了。问题在于，如果乔治想出搭救埃里克的聪明做法，使他不被黑洞吞噬，那实际上就意味着他不能参加比赛，也就没有赢的希望。对于乔治来说，放弃比赛并不容易，但他知道为了救回埃里克，他别无选择，也没有其他的路可走。

乔治到达森林路42号，花了好几分钟才使自己的呼吸平稳下来。他一边轻轻地呼吸着，一边看着前面的房子。车道穿过一些要倒塌的门到达一幢巨大的老房

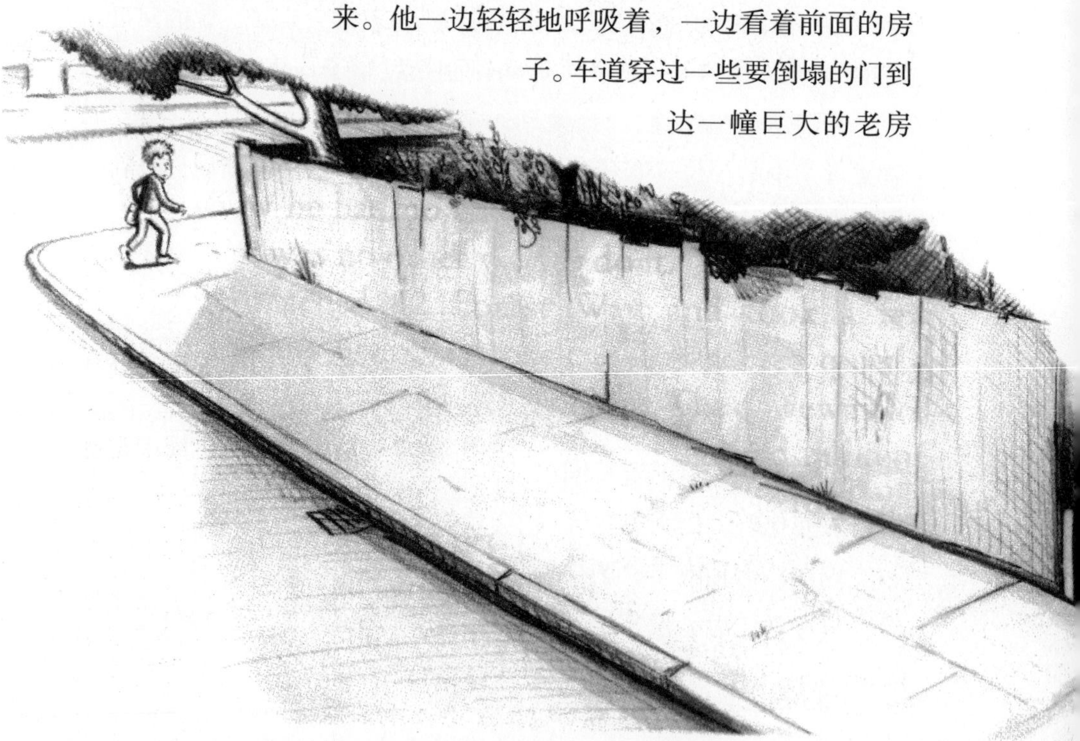

子,形状古怪的角楼从屋顶上伸出。

乔治弯下腰走，蹑手蹑脚地从车道向屋子，通过大窗户盯视里面。透过污秽的玻璃,他看到一个摆满家具的房间,家具上覆盖着发黄的褥单,天花板上悬下蜘蛛网。他在一丛荨麻中找出落脚之地,踮着脚尖走向旁边的一排窗户。其中的一个恰好在底部微微打开。乔治向里望去,看到了一个熟悉的背影。

雷帕博士正背对着他，周围是乱七八糟的管子、电缆和装着冒泡的颜色鲜艳的液体的细玻璃管中间。雷帕站在一台电脑屏幕前，屏幕上发出绿光。即使只看到背面,乔治也能知道雷

帕博士一点儿都不快乐。他看到他的老师胡乱地用所有的手指敲打电脑键盘，就好像在做高难度的钢琴独奏似的。窗户仅仅开到能让乔治听见他的说话声。

“瞧！”雷帕博士对着电脑屏幕喊叫，“我可以一整天不停地这么做！最终，我会找到秘密钥匙，你等着瞧好了！当我找到，你就只好让我进入宇宙！你别无选择！”

“拒绝！”Cosmos 回答，“你键入了错误的命令。我不能处理你的要求。”

雷帕博士试了另一组不同的键。

“错误。”Cosmos 说，“错误类型 2-9-3。”

“嘎……”雷帕博士怒吼道，“我将把你 Cosmos……我将把你……”就在这一瞬间，电话响了。他抄起电话，“你说？”他向听筒咆哮着，“啊哈，”他又换成礼貌的声音说下去，“哈罗……你收到我的信了吗？”他假装地咳嗽着，“我今天感到不太好……不，只是感冒得厉害

……我想，我要请假一天……不能亲临比赛，真可惜……"他又咳了几下，"对不起！我要走了——我觉得很难受。拜拜！"他砰地一下放下电话，并转向 Cosmos。"瞧，小小电脑！"他搓着手说道，"现在我有了一整天！"

"我不会为任何不属于这个团体的人运作。"Cosmos 回答道，听起来很勇敢。

"哈……哈……哈……哈！"雷帕博士狂笑着，"那么老的团体仍然存在，是吗？那些愚蠢的好事者以为自己能够拯救行星和人类，这些傻瓜，"他继续说道，"现在还来得及，他们应该拯救他们自己。这就是我要做的事。忘掉人类，人类不值得拯救。"他往地板上唾了一口，"瞧，他们迄今对这颗美丽的行星做了些什么，我和新的生命形态将要在另外的某个地方重新开始。那些愚蠢的小男孩以为我会把他们带在身边。但我决不！哈……哈……哈……哈！我将他们留在这里消亡，正如人类的其他余下的人一样。我将成为宇宙中唯一留下的人，我自己和我的新的生命形态，而新的生命形态将对我言听计从。我所需要的仅仅是到那里去，进入太空。你，Cosmos，一定要帮助我。"

"拒绝，"Cosmos 回答，"我拒绝为非团体成员行动。"

"我曾经是成员，"雷帕博士声称。

"你的会员身份被取消了，"Cosmos 坚定地回答，"在你……之后……"

"是，是，是，"雷帕博士飞快地说，"我们不谈那个。现在不要提到那些不愉快的回忆，Cosmos。想必到了原谅和忘却的时候了吧？"他以一种令人讨厌的虚情假意的声音说道。

"拒绝，"Cosmos 说道。雷帕博士在电脑前狂怒地站起来，双手再次重重地猛撞键盘。

"好痛，"Cosmos 说道，从键盘上飞出一些明亮的火星。

乔治再也看不下去了。尽管他极想破门而

入，阻止雷帕博士，让他不再伤害可怜的 Cosmos，但他知道，至关重要的是尽快把雷帕弄出这间房子，让他离开这台伟大的电脑。因此，乔治必须赶到学校去。

他往回跑，一直跑到学校门口。大汽车停在外边的路上，一大群穿着不同颜色校服的孩子从车上下来，这是从附近学校来参加科学比赛的孩子。乔治在人群中穿行，迂回前进，一面说："请原谅，对不起，请原谅，对不起。"他在寻找一个人。

"乔治？"听见有人喊他的名字，他看看四周，但没看出谁在喊他。不一会儿，他认出她了——一个穿深蓝色制服的小身影，跳上跳下地向他挥手。他尽快地从人群中挤到她那里。

"安妮！"到她面前，他对她说道，"看到你我真高兴！快，我们一分钟都不能耽误。"

"怎么回事？"安妮皱着鼻子说，"你的演讲出了问题吗？"

"那是你男朋友吗？"一个年纪大得多，穿着和安妮同样校服的男孩打断了他们的谈话。

"噢，去你的，"安妮对那男孩呵斥了一声，"去对别人说这种蠢话吧。"乔治害怕地屏住呼吸。等着看那大孩子如何发作，但是他只是温顺地转过身，消失在人群中。

"你到哪里去了？"乔治问安妮。

"我告诉过你，"安妮答道，"在外婆家里。妈妈把我送到学校来，所以我还没回过家。出了什么事，乔治？怎么啦？"

“安妮，”乔治很严肃地说，“我要告诉你一些很糟糕的事情。”但他没有机会了。一个老师非常响地吹起哨子，不许任何人吱声。

“好！”老师宣布道，“我要求大家按照你们学校的小组整队，准备进入大厅，科学比赛将在那里开始。你，”他指着穿深绿色制服的乔治，而他正站在一群穿蓝色制服的孩子中，“没和你的学校待在一起，去和你的学校待在一起！去找你自己的小组，不要再造成混乱！”

“在大厅外头见我！”乔治对安妮低语道，“这实在重要，安妮！我需要你的帮助！”说完，他就离开她，并加入自己学校的队列。他朝大厅走去，一面开始找一人，或者是找几个人。当他看到他们——林戈和他的一群朋友在走廊里徘徊——乔治知道自己必须做什么。他抓住离他最近的一个老师大声地说起来。

“先生！”他喊道，“先生！”

“怎么回事，乔治。”老师说，没想到声音这么大，他往后退了一点。

“先生！”乔治又吼起来，确信周围所有的人都停下手中的事去听他说话，“我要改换我的演讲题目。”

“我没把握这是否有可能，”老师说，“你能不大喊大叫吗？”

“但是我必须改换！”乔治咆哮，“我有一个新题目！”

“题目是什么？”老师说道，他现在担心这孩子有点疯疯癫癫了。

“是 Cosmos，世界上最令人惊奇的电脑，以及它如何工作。”

“我明白了，”老师说，认为乔治肯定发疯了，“我要问一下裁判小组的意见。”

“哦,很好,谢谢你,先生！”乔治的声音似乎比以前更响,“你听清了整个题目了吗?Cosmos,世界上最令人惊奇的电脑,以及它如何工作。”

“谢谢你,乔治,”老师平静地说,“我将尽力而为。”

老师离开时,深深地叹了口气。乔治注意到林戈取出了手机开始通话,现在他所能做的只是等待。

乔治站在大厅入口处边上,看着很长的学童队伍缓缓地走过,鱼贯而入。待了一会儿,他就见到雷帕博士上气不接下气激动地颤抖地赶到他的身边。

“乔治！”他惊叫,用他一只多鳞的手往下弄平头发,“你能弄好吗？我是说改换你的演讲题目？”

“我能弄好。”乔治告诉他。

“我会为你核查一下,”雷帕博士说,“不要担心,你就前去作有关Cosmos以及它如何工作的演讲,而我要确定裁判小组没问题。这是演讲的好题目,乔治。精彩极了。”

就在此刻,校长走过。“雷帕?”他惊奇地说,“我听说你今天病了。”

“我觉得好多了,”雷帕博士肯定地说,“非常向往这次比赛。”

“这就对了!”校长说,“雷帕,你在这儿我真高兴。有位裁判必须退出,因此你刚好取代他的位置。”

“哦,不,不,不,不,”雷帕博士匆忙地说,“我确信你能找到比我更合适的人选。”

“胡扯!”校长说,“你正是我要找的!雷帕,你可以和我坐在一起。”

雷帕皱着眉头,别无选择,只好跟着校长,走到大厅前面,在校长旁边坐下。

乔治在门边等着,直到他再次看到安妮,安妮在一大群七嘴八舌的穿蓝制服的孩子中间向他走来。她走过他身边时,他抓住她的袖子,把她拉出进入大厅的巨大人流。

“我们必须走!”他在她耳边低语,“即刻!”

“去哪里?”安妮问道,“我们必须去哪里?”

“你爸爸落入了一个黑洞!”乔治说,“跟着我——我们必须去营救他……”

第二十八章

安妮跟着乔治急急忙忙地穿过走廊。

“但是乔治,”她说道,“我们要去哪里?”

“嘘,”他转过头说道, “这么走。”他带着安妮走向边门,边门通到马路上。在上课的时间里,学校严禁学生擅自从这个边门出去。如果乔治和安妮在没得到许可离校而被抓到,那将会有很大的麻烦。更糟——更糟得多的是,他们将丧失仅有的接触 Cosmos 的机会,这就意味着埃里克将永远地丢失在黑洞之中。尽快地离开学校是至关重要的。

他们紧张地向前走去，尽力装得很自然天真，仿佛在这世界上，他们有充足的理由朝着与其他人相反的方向走去。这似乎有效——没人注意到他们。当乔治看到一个老师朝他们走来，他们刚好到达边门。他祈求着好运，希望不被认出，但还是被认出来了。

“乔治，”老师说，“你要去哪里？”

“哦，先生！”乔治说，“我们，嗯，我们正，嗯……”他支吾着，有些泄气了。

“先生，我把一些用于科学比赛的东西留在大衣口袋里，”安妮清晰的声音插了进来，“因此我的老师让这个男孩带我回到衣帽间。”

“那么，去吧。”老师说道，让他们过去。但他还站在那里盯着他们走进衣帽间。他们回头向走廊张望，发现他仍然站在那里，把守着学校的出口。最后一批孩子陆续进入科学比赛赛场，现在比赛随时都可能开始。

“讨厌，”乔治说道，退回到衣帽间，“我们不能走那个门出去。”他们看看四周。在一排排挂衣钉上方的墙上，有一个长方形的窄窗户。

“你看我们能挤得出去吗？”乔治问安妮。

“这是唯一的出路，是吗？”她往上看了看窗户说。

乔治无奈地点点头。

“那么我只好，”安妮极为果断地说道，“我绝不能让黑洞把我爸爸吃掉，我绝不，绝不！”

乔治从她扭歪的脸上，看出她忍住不哭。他怀疑是否应该告诉她——也许他应该自己单独尽力去救埃里克？但想到这一切都太晚了。他现在和安妮在一起，而他们必须继续努力下去。

“那么快来，”他敏捷地说，“我扶你上去。”他把她顶起来，这样她可以解开锁钩，把窗户推开，蜿蜒地滑过狭窄的空间；当看不到她时，他听到细微的吱吱声。乔治将自己撑到窗台上，试着和安妮一样滑过去。但他的体型比她的大多了，这可不容易。他挤过一半，但再也过不去了！他被卡住了，一半身体垂在校外街道的窗户上，另一半仍然在衣帽间里。

“乔治！”安妮向上拼命伸手，并抓住他的脚。

“不要拉！”他说道，轻轻地缓慢地把自己从缝隙中移动出来，尽量屏住呼吸。他又扭动了一下，才从坚固的框架中钻了出来，身体扭曲着落在人行道上。他挣扎着站起来，抓住安妮的手。“快跑！”他气喘吁吁，“我们决不能让人看见。”

他们快速地转过街角，稍微歇了一下，乔治才能喘过气来。“安妮——”他开始说，但她向他做手势，别吱声。她掏出手机，开始打电话。

“妈妈！”她急切地对着电话说，“这是一件非常紧急的事情……不，我还好，不是我……是的，我在你早上把我送来的学校，但我必须……不，妈妈，我没做任何事，妈妈，听着，请你听着！爸爸出事了，可怕的事……我们必须去营救他，他去了太空，丢在那里了，我们要把他弄回来……你能来这里把我们带上吗？我是和我的朋友乔治在一起，我们就在他学校附近。快点，妈妈，快，赶紧，我们没有多少时间了……行，再见。”

“你妈说了什么？”乔治问。

“她说，什么时候你爸爸才学会停止做愚蠢的事，并像一个成年人那样行事？”

“她这是什么意思？”乔治困惑地问。

“我不晓得，”安妮说，“大人们常有可笑的想法。”

“她来吗？”

“是的，她不会耽搁很久——她会开着微型汽车来。”

果然，仅仅几分钟后，一辆小的带白条的红色轿车在他们身旁停了下来。一位脸长得很甜的，留着很长的棕色头发的女士将车窗摇下，并伸出头来。

“嗨，下面又该闹出什么了！”她快活地说，“你父亲和他的探险！我不知道。你们两个逃学打算干什么？”

“乔治，这是我妈妈。妈妈，这是乔治，”安妮说道，并没理睬妈妈的问题，而将乘客门猛力扭开。她推倒前座，这样乔治可以爬进去。“你可以坐在后座上，”她告诉他，“但要小心，不要把东西弄坏了。”后座上放着竖笛、铙钹、三角铁、小竖琴和弦鼓。

“对不起，乔治，”当乔治往里爬时，安妮的妈妈说，“我是一个音乐老师——这是我有这么多乐器的原因。”

“音乐老师？”乔治惊讶地重复道。

“是的，”安妮妈妈说，“安妮告诉你我是什么？美国总统？”

“不，”在后视镜上，乔治和苏珊对视一下，他说道，“她说你是莫斯科的一名舞蹈家。”

“你们说我说得够多的了，好像我不在这儿似的。”安妮说，系上她的安全带，“妈妈，开车！我们需要去救爸爸，这实在是太重要了。”

安妮妈妈只是坐着，并没有发动汽车。“不要惊慌，安妮。”她温和地说，“你父亲曾经遇到过各种困境。我确定他不会有事的。无论如何，Cosmos 不会让任何可怕的事情发生在他身上。我想你们两人应该回学校去，我们不要再说这事了。”

“嗯，是这么回事，”乔治说道，他不知道该怎样称呼安妮的妈妈。“现在埃里克没有 Cosmos——它被偷了，埃里克单独在太空，而且他靠近一个黑洞。”

“只有他自己？”安妮的妈妈重复道。忽然她的脸色变得苍白，“没有 Cosmos？那么他就回不来！还有一个黑洞……”

“妈妈，我一直在告诉你这是紧急事件！”安妮祈求道，“现在你相信我了吗？”

“啊呀，我的天哪！系上你的安全带，乔治！”安妮妈妈惊叫道，开动了汽车，“告诉我需要去哪里。”

乔治给她雷帕博士的地址，她用脚使劲地踩在油门上，小车紧急加速后，一直往前冲去。

这红色的微型车穿过密集的车流，向格雷帕的家飞驰着，乔治尽量仔细地说明过去24小时里发生的事情。小汽车迂回在小城的车流中，不断地换道——这使那些大些的汽车的驾驶员很恼火——他告诉安妮和她妈妈(她让他称呼她苏珊)所有的一切。昨天他去找埃里克，希望他的科学演讲得到埃里克的帮助。他告诉她们那张神秘的，

让他怀疑的字条，埃里克如何跨出门道去了太空，他不得不跟随他。他和埃里克两人如何都被看不见的力量吞没，还有门道出现来解救他们时，又如何变得模糊了，只有他成功地逃离，等等。

他告诉她们，当他在书房着陆时，找不到埃里克，Cosmos 是怎样被偷走；他又是如何追赶这些盗贼的，但黑暗中又如何被盗贼们甩下；他如何回到埃里克的家，寻找埃里克让他找的那本书；他如何努力阅读，但不能理解，然后他在书的最后找到了笔记，笔记解释怎样才能从黑洞中逃逸；因为虽然有人可以从黑洞逃逸，但他需要 Cosmos 去做成这件事，所以他多么需要找到 Cosmos；以及他如何料到 Cosmos 必定在那里，并在当天上午去了那里，并看到雷帕博士……

“雷帕？你是说格雷安·雷帕？”苏珊打断了他的话，这时她把汽车突然转过一个街角。

“是的，”乔治回答，“格雷帕。他是我的老师，你认识他吗？”

“我曾经认识他，很久以前。”苏珊以不祥的声音说道。

“我一直告诫埃里克他不应该信任格雷安。但他不愿听。埃里克总把人往好处想。直到……”她的声音逐渐变小。

“直到什么？”安妮忽然尖声问道。“直到什么？妈妈。”

“直到发生了一件可怕的事，”苏珊说道，她不高兴地闭紧了嘴。“一件我们永远不会忘记的事。”

“我们指谁？”安妮说道，由于面临着闻所未闻的家庭故事，她激动不已地喘息着。但她没来得及听到妈妈的回答，妈妈就已将车子转进格雷帕的车道，并把车停在他的房子前面。

第二十九章

闯进格雷帕的房子可不是一件容易的事。尽管这地方破旧肮脏，没有受到很好的照料。格雷帕还是将每个窗户和门都锁上了。他们绕着房子走，试了所有的地方，但没有一处可以打开。他们走到那个窗口，就在当天上午，乔治从那里看到 Cosmos，但那台伟大的电脑不再在那里了。

“但我看到过它！”乔治断言道，“就在那个房间里！”

安妮和苏珊面面相觑。苏珊咬着嘴唇，努力掩饰着自己的沮丧。一大滴泪水缓慢地流到安妮的面颊上。

“如果我们找不到 Cosmos……”她小声说。

“等一等！”苏珊大叫起来，“嘘，你们两人！听！”他们尽力地听。

从房中的某处，他们听到微弱的电子乐声，好似某人在唱：“嗨，迪得勒，迪得勒，猫和小提琴，牛跳到月亮上……尽管从技术而言，这是不可能的，不穿上太空服，牛也会被

冻僵，”加上说话的声音。

“这是 Cosmos！”乔治叫起来，“它正在唱歌，这样我们就知道到哪里去找它！但我们怎么能到它那里呢？”

“在这儿等着！”苏珊神秘地说。她消失在墙角后面，但几分钟后，她就在 Cosmos 唱歌的房间里出现了。她把底层窗户大大敞开，使安妮和乔治可以爬进去。

“你怎么进去的？”乔治惊讶地问。

“我应当早就想到这一点，”苏珊说，“格雷帕把他备份的钥匙放在前门边上花盆底下。他总是这么做，所以我能进来。”

这期间，安妮循着勇敢的 Cosmos 唱歌的声音。在一个大食橱里乱翻。她拉出装满旧毛毯的硬纸箱，将毛毯扔掉，在底部找到了 Cosmos。她打开它的屏幕，把它吻了个遍。“Cosmos，Cosmos，Cosmos！”她尖叫着。“我们找到你了！你好吗？你能救我爸爸吗？”

“把我的电源插上。”Cosmos 喘着气，它有些损坏。在埃里克家时，它曾经是那么有光泽，银光闪闪——一台那么光亮，保养得很好的电脑。现在它身上多处被刮伤、被磨损，到处是斑点和污痕。“我筋疲力尽。我的电池几乎用光了。”

乔治朝早先看到 Cosmos 的地方望去，果然那里有电脑的电缆

线。他把电脑接到电缆上，听到它犹如解渴牛饮般的响声，就像它刚喝下一巨杯的冷水。

“好过多了！”Cosmos 叹息道，“现在，谁能告诉我这里究竟发生了什么事。”

“埃里克落进黑洞了！”乔治告诉他。

“我们需要你去把他弄出来。”安妮祈求道，“尊敬的 Cosmos，请说说，你知道怎么办。”

Cosmos 发出呼呼的声音。“我正在我的硬盘里查信息，”它说，“我正在寻找去黑洞救人的方法的文档……请等一等……”它呼呼的声音更响了，然后就停止了，并静了下来。

“嗯？”安妮说，听起来很忧愁。“你能吗？”

“嗡，不能，”Cosmos 不情愿地说，“搜索出来的项目没有提供任何信息。”

“你不知道怎么办？但是，Cosmos，那就意味着……”安妮说不下去了，双手抱着妈妈，开始哭起来。

“没人提供过我有关从黑洞逃逸的信息，”Cosmos 解释道，“我只知道如何进入黑洞，而不知道如何再跑出来。我不清楚那是否可能。

如果埃里克知道，他就会告诉我了。我正在存取我有关黑洞、引力和质量的文档。但我害怕所有的文件都不包括我需要的资料。"它的硬盘又呼呼地响起来了，但最终归于寂静——对于 Cosmos 来说，这太不寻常了。

"这样，埃里克就丢失了，"安妮妈妈说道，擦着她的双眼，"很久以前，他告诉我，一旦落入黑洞，没有任何东西可以逃逸。"

"不！"乔治说道，"那是不对的！我是说，埃里克对黑洞的想法改变了。这是他给我和安妮写的笔记中说的。"

"什么笔记？"Cosmos 问道。

"我在他的新书后面发现的笔记。"

"笔记里说什么？"

乔治搜索着书包，试图记起埃里克的原话。"埃里克写道，黑洞不是永恒的，" 他说道，"它们以某种方法将落入的任何东西都吐出来……花费很长的时间……辐射器什么的。"

"辐射，"Cosmos 纠正道，"你有这本书吗？我也许能从它那里下载信息，并搞出一些名堂来。"

"是！辐射！就是它！"乔治找到埃里克论黑洞的大部头书，并将它递给安妮，"但是，Cosmos，我们必须快——只要格雷帕看到我不在学校做演讲，他就会立刻回到这里。"

"如果埃里克先花点工夫适当地更新我的系统，我就要快得多，"Cosmos 有点傲慢地说。

"也许他想这样做，但忘记了？"乔治说。

"总是那样！"Cosmos 说。

"你介意吗？"安妮说，"我们能快点吗？"

"当然，"Cosmos 说道，听起来又严肃起来了，"一旦我拥有新的信息，我就能立即开始。安妮，把书放在我的书接口上面。"

安妮尽快地从 Cosmos 的边上拉出一个清洁的塑料碟，并将其调

仙女星系的真色图像。仙女星系是跟我们自己的星系最近的主要星系，也是按照所包含的恒星数量为最大的主要星系。像银河系一样，它是一个旋涡星系。光需花费 15 万年方可穿过仙女星系，而光从仙女星系到达地球则需 250 万年。

一个可能是太阳系外行星（红块所示）的计算机增强图像，该行星沿轨道绕一个很热的球体［这个球体太小以至于不足以成为一颗恒星（白块所示）］运行。它的质量被猜想为木星的5倍，而这幅图像可能是有史以来拍摄的第一幅外行星图像。

名为 NGC 4261 的巨大椭圆星系的光学图像(中心)。在该星系的核心有一个比我们太阳大 5 亿倍的超大质量的黑洞。

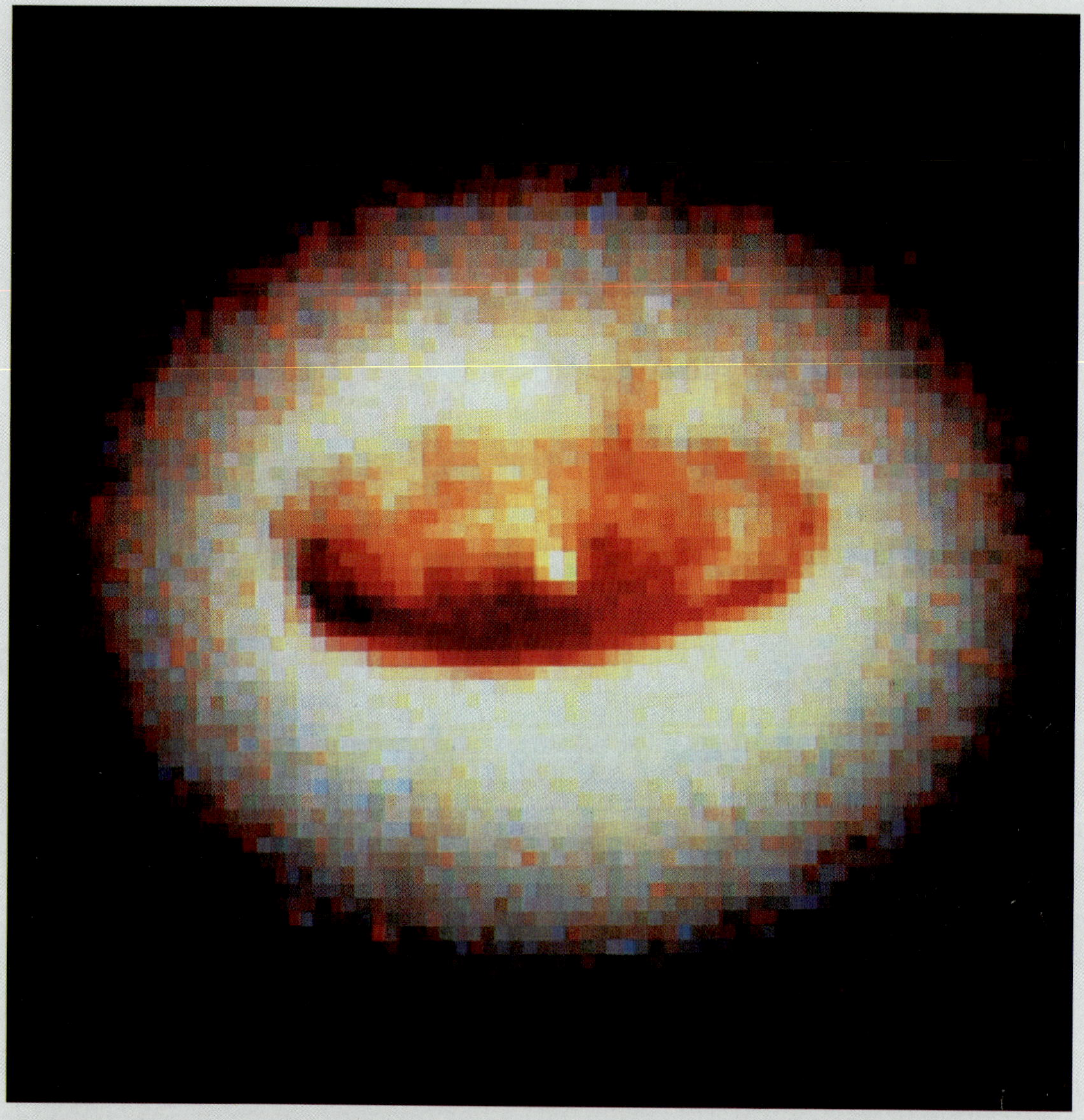

NGC 4261 的中心（见前页）。包围黑洞的是一个宽约 800 光年的又冷又黑的尘埃盘。人们相信在大多数星系的核心都存在一个大质量的或超大质量的黑洞。

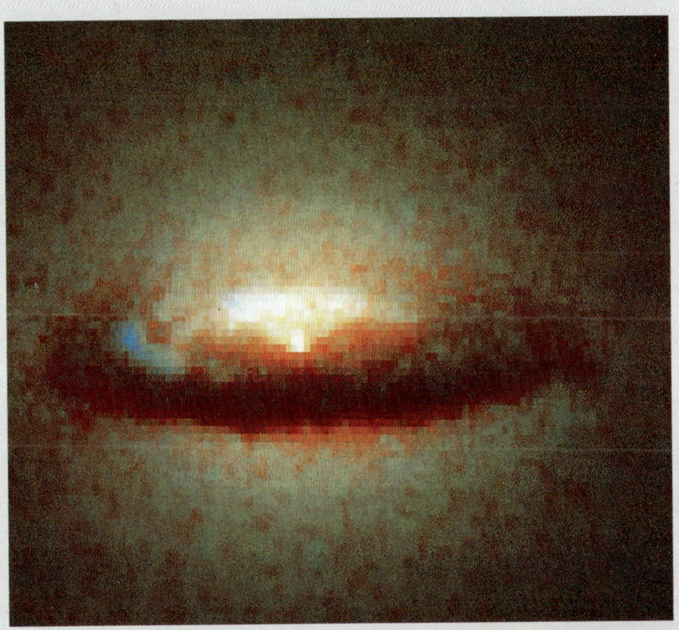

这个尘环中隐藏着一个大质量黑洞，它处在另一个叫做 NGC 7052 的星系的中心。中心处明亮的白色亮斑是由于黑洞强大的引力拖曳集聚在它周围的恒星发出的光。

这束耀眼的蓝色喷流是从一个叫做 M87 的巨大椭圆星系的核心喷射出来的，该喷流由电子和其他粒子构成，这些电子和其他粒子在星系中心的超大质量黑洞附近被加速。

COSMOS的图片夹

太阳系的计算机处理图像。如图所示：太阳的一部分（左边）；8 颗行星（从左至右）：水星、金星、地球、火星、木星、土星、天王星和海王星；3 颗矮行星（在红框内，从左到右）：谷神星、冥王星和阋神星。天体间的距离不成比例，或者说，除了太阳什么也看不到，不过，相对尺寸是正确的。

卫星拍摄的地球图像。

整为直立状。她把书靠在上面，并且按了电脑的一个键。“准备好了吗？”她说。

电脑嗡嗡的声音越来越响，书的页数开始增加。“重新启动我的有关黑洞的记忆文档！”Cosmos 说道，“结束了！你是对的，乔治。所有都在埃里克的新书里。我能够做了。我可以把埃里克从黑洞里救出来。”

“那么现在就干吧。”乔治、安妮和她妈妈异口同声地喊道。

安妮按了一下 Cosmos 键盘上的 Enter 键，视窗在房间中出现。在它的另一边是一个太空中某处的非常变形的景观，当中是一块黑斑。

“就是这个黑洞！”乔治高叫。

“正确，”Cosmos 回答，“那就是我把你和埃里克留下的地方。”

景观似乎非常静止，好像什么事情都没发生。

“Cosmos，你怎么什么都不做呢？”安妮问道。

“这很费时间，”Cosmos 回答道，“我需要把黑洞里出来的所有的小东西都收集起来，它们中的大部分都非常小，你甚至看不见它们。如果我丢了一个，我也许就不能重构埃里克。我必须从所有落入黑洞中的每一个单独物体中滤出埃里克。”

“你说重构是什么意思？”安妮妈妈问道。

“黑洞把粒子一颗一颗地排出。每回一颗粒子跑出来,下一回黑洞就排出更多的粒子,这样它就一直越来越快。我把时间超前几十亿年。请让我工作。我必须收集每一件东西。”

乔治、安妮和她妈妈默不作声地盯着视窗，每个人都希望 Cosmos 正确运行,几分钟后黑洞看起来仍然和以前一模一样。但接着,他们看到,它开始收缩,越变越小,收缩得越来越快。现在他们能看到巨大数目的粒子似乎从黑洞本身跑出来。

Cosmos 发出嗡嗡的声音,随着黑洞收缩,嗡嗡声越来越响。它屏幕上的光——一分钟之前那么亮——现在开始颤动而变得朦胧。嗡嗡声突然转变成爆裂声,而从 Cosmos 的键盘里响起很高的警报声。

“Cosmos,出了什么问题了? ”乔治对安妮和苏珊耳语。

苏珊显得有些担心,“它一定是在尽力作计算。即便对 Cosmos 来说,计算也一定是非常困难的。”

“你认为它能行吗? ”安妮尖声问。

“我们但愿如此。”苏珊坚决地说。

通过视窗,他们看到现在黑洞只有网球大小。“不要看! ”苏珊大叫,“用手把眼睛遮住! ”黑洞变得非常亮,然后忽然爆炸,在宇宙可以经受的最强大的爆炸中消失。即便乔治、安妮和她妈妈闭上了眼睛,仍然能看到它的光。

“坚持住! Cosmos! ”安妮高喊。

Cosmos 发出可怕的嘎吱声,它的屏幕上发出一道绿光,同时它的线路冒出白烟。“欧—列—克—”Cosmos 开始喊叫,但它还没说完一个词,声音就中断了。

光突然消失了,乔治睁开眼睛,看到视窗已经不在那里了,取而代之,门道入口已经出现。它突然打开,雷帕博士的房间里充满了爆炸后逐渐消失的灿烂闪光。门道中间站着一个穿太空服的男人的轮廓。在他后面,门道入口展现着一个平静的地方,那里不再有黑洞。

第三十章

埃里克脱掉他的头盔并抖动全身，犹如一条游泳之后的狗甩掉身上的水。

“感觉好多了！”他说道，环顾四周。“但是我在什么地方？发生了什么事？”一副框架里镶着黄玻璃的眼镜从他鼻梁上滑开，他发呆地看着他们。“这不是我的！”他凝视着Cosmos，但Cosmos的屏幕是空白的，键盘上还飘着黑烟。

安妮向前冲去和他拥抱。“爸爸！”她尖声叫道，“你落进黑洞了！而乔治必须救你——他真聪明，爸爸，他从你给他留下的笔记中发现，你可以从黑洞逃脱，但他首先必须找到Cosmos——Cosmos却被一个可怕的人偷走了，他……”

“慢点儿，安妮，慢点儿！”埃里克说道，他似乎很晕眩，“你是说我曾经待在黑洞里，再回来？但那真不可思议！那就意味着我把它弄清楚了，

那就意味着我关于黑洞的所有研究都是正确的。进入黑洞的信息不被永远丢失，现在我知道了！这真令人惊异。现在，如果我能从……出来……”

“埃里克！”苏珊突然叫起来。

埃里克跳起来。“哦，苏珊！”他说道，显得羞怯而困窘。他把黄眼镜递过去。“我想，”他抱歉地说，“你没带我那副备份的眼镜？我从黑洞出来似乎戴上了别人的眼镜。”

“这两个人在城里到处跑，想办法救你，”苏珊说着，将手伸进口袋，取出一副埃里克常用的眼镜，“他们逃学出来，而乔治还错过了他的科学比赛，这些都是为了你。我想你至少要说感谢，特别是对乔治。他靠他自己一个人把这一切弄了出来，你知道——关于格雷帕和黑洞以及其余的一切。不要再把这一副眼镜弄丢了！”

“谢谢你，安妮，”埃里克说，轻轻地拍了拍他的女儿，再把眼镜以他们熟悉的倾角架到鼻梁上。“谢谢你，乔治。你真勇敢，也真聪明。”

“没事。”乔治盯着他的脚，“真的不该感谢我，应该感谢 Cosmos。”

“不，不是，”埃里克说，“没有你，Cosmos 就不能把我弄回来——否则的话，我早就已经在这里了，难道不是这样吗？”

“看来是这么回事，”乔治声音粗哑地说，“Cosmos，你没事吧？”这台伟大的电脑依然沉默不语，屏幕还是黑的。

埃里克松开安妮，走到 Cosmos 那里。“可怜的老家伙，”他说着，拔下电脑插头，把它折叠起来，夹在手臂之下，“我估计它需要休息一阵。我现在最好立刻回家，记述我的新发现。我必须立刻让其他所有的科学家都知道，我做了最令人惊奇的……”

苏珊大声咳嗽起来，并凝视着他。

埃里克困惑地看着她。“什么？”他不出声地说。

“乔治！”她也以同样方式回答。

“哦，当然！”埃里克大声地说，用手拍打了一下脑门。他转身问乔治：“对不起！我的意思是，我认为我们首先应该回到你学校去，看是否还来得及参加科学比赛。对吗？”他问苏珊，后者点点头并微笑了。

“但我不能确定……”乔治表示异议。

“我们可以在车上过一遍你的讲稿，”埃里克说，他开始向门口走去，身上的太空服叮当作响，“让我们开始行动吧。”他看看周围，发觉没人跟随他。

“现在又怎么了？”他扬起眉毛问道。

“爸爸！”安妮以不耐烦的口气说，“你难道要这样穿戴着去乔治的学校吗？”

“我认为没人会注意的，”埃里克说，“但是如果你坚持……”他脱掉了太空服，露出下面平时穿的衣服，然而再摸平头发。“不管怎么说，我们现在在哪里？我不认识这地方。”

“这是，埃里克，”苏珊说道，“格雷安·雷帕的房子。格雷安给你写了字条，把你送进太空，而当你在那里时，他偷了 Cosmos，想着这会使你永远无法返回。”

“不！”埃里克喘着气说，“格雷安是故意这样做的？他偷了 Cosmos？”

“我告诉过你，他永远不会原谅你的。”

“天哪，”埃里克伤心地说，他正费劲地脱掉太空服，“那是很不幸的消息。”

“嗯，埃里克，”乔治忽然说，“你和格雷帕之间发生过什么？我是说，他为什么要让黑洞吞没你？他为什么永远不原谅你？”

“哦，乔治，”埃里克说道，他正甩掉太空靴，“这故事可长呢。你知道格雷帕和我过去一起工作吗？”他伸手到外衣的内口袋里拿出钱包，从包里取出一张弄皱的老照片，递给乔治。乔治在照片中看见两个年轻人；他们中间站着一位蓄着长长的白胡子的老人。两个年轻人都穿着黑袍，黑袍上覆以毛衬里的头巾，三人都对着镜头笑。右边的那个人披着浓密的黑头发，即使在当时，深框的眼镜架在鼻梁上的角度也有些奇怪。

“那是你！”乔治指着照片说。他审视着另一个年轻人的脸，这张脸怪异地面熟。“而那个像格雷帕！但他看起来真善良友好，不像现在这么可怕古怪。”

“格雷安，”埃里克平静地说，“是我最好的朋友。我们在大学里一起学习物理，也就是这个城市的这所大学。你看见的中间那位是我们的导师——一位天才的宇宙学家。他发明了

Cosmos 的概念，而格雷安和我一起研制出早期的原型。我们需要这样一台机器，它能帮助我们探索太空，使我们能扩展有关宇宙的知识。”

“开始的时候，格雷帕和我相处得很好。”埃里克盯着远方继续说道，“但过了一阵，他变得古怪而冷漠。我开始意识到，他要Cosmos 全部为他自己。他不想为造福人类而继续追求知识——他要利用 Cosmos 开发太空奇观，给他自己带来好处，使他变得有钱有势。你必须明白，”他又说，“在那时候，Cosmos 是非常不同的。回到那时候，它是一个巨无霸电脑，有这么大，需要整个地下室才能装得下，但功能甚至还不及现在的一半。不管怎么说，一天晚上，格雷安以为只有他一个人在，我抓到他。他试图用 Cosmos 达到自己的可怕目的。我在那里试图阻止他，而……那是……可怕的。从那以后一切都变了。”埃里克不再说下去了。

“还有呢——在这可怕的事发生之后呢？”安妮问。

苏珊点点头。“是的，亲爱的，”她说道，“不要再对此事提问题了，现在就到此为止吧，够了。”

第三十一章

回到乔治的学校，大厅里的学生们已经变得焦躁而厌烦。孩子们在座位上挪来挪去，低声说话，嘻嘻地笑。从各学校来的参赛者表情神经质而严肃，努力地吸引听众的注意力。然而，雷帕博士比任何人都更加焦虑不安，心惊肉跳，他和校长以及其他裁判坐在前排。

“请安静地坐着，雷帕！天哪！”校长用嘴角作出嘘声。雷帕博士在其他学校的老师和校长面前表现得这么差，真让他感到非常烦恼。直到此刻，他仍懒得听任何人的演讲，也没提过一个问题。他所做的

一切就是急切地查看着节目单或伸长脖子向后看着大厅。

“我立刻就去,保证乔治准备好他的讲演,”雷帕小声回应着校长。

“你不要去!”校长急促地说,“没有你,乔治也会做得极为完美。请尽量表示出一些兴趣,好吗?你让我们学校丢脸。”

舞台上的孩子结束了有关恐龙化石的演讲。“这就是,”他满面笑容地对厌倦的听众做着结论,“我们如何知道,两亿三千万年前恐龙第一次在地球上行走。”当他走下舞台,回到自己学校的那群人中时,老师们都例行地鼓掌。

校长站起来。“现在,”他拿出纸条念道,“我们欢迎最后一名选手,来自本校的,我们的乔治·格林比,让我们热烈欢迎他。他今天演讲的题目是……”校长停了下来,并把他的纸条重念了一遍。

“不,不,那是对的,”雷帕博士赶紧说。他站起来。“乔治的演讲将是关于 Cosmos,世界上最令人惊奇的电脑,以及它如何工作的。好哇,乔治!”他喝彩,但没有人附和。接下来是一阵长时间的寂静。大

家都在翘首等待乔治出现，而他没有出现。屋子里又响起嘈杂声，觉得有指望提前放学的孩子都激动地咕哝着。

校长看看手表。“我等他两分钟，”他对其他裁判说，“如果到时他还未出现，他将被淘汰，而我们就开始颁奖。”正和小学生一样，校长也想着这一回可以提早回家，喝茶吃蛋糕，并把脚跷到桌子上，没有讨厌的孩子该多好。

秒针在转着圈子，但还没见到乔治的踪影。只剩几秒钟了，校长转向裁判，正准备宣布比赛结束，这时大厅后面的一阵骚动不安引起了他的注意。好像一群人正走进来——两个大人，其中的一位腋下夹着笔记本电脑，一个金发女孩和一个男孩。

这个男孩直奔大厅的前面，说道：“先生，我还来得及吗？”

“来得及，乔治。”校长说道，松了一口气，他终于出席了，“你自己走到舞台上去。祝你好运！我们就看你的了！”

乔治登上学校的大舞台，走到正当中。

“大家好，”他以微弱的声音说道。大厅里的人群都不理他，继续推推拉拉互相拧着玩儿。“大家好，”乔治又叫了一声。他只身站在那里，一时间他觉得没有勇气了并且很可笑。接着他又记起了在路上，埃里克在车里对他说过的，他感到有了自信。他站得直直的，向两边伸出双臂，高声喊道：“下午好，奥尔德巴什学校！”

听众席的孩子们惊奇地安静下来。

“我说，”乔治再次以低沉的声音喊道，“下午好，奥尔德巴什学校！”

“下午好，乔治！”整个屋子回应着他。

“坐在后面的能听见吗？”乔治大声问道。埃里克在大厅后面靠墙站着，给他打出双大拇指向上的手势。

“我的名字，”乔治继续说道，“叫乔治·格林比。今天我在这里做一个演讲。我演讲的题目是《我开启宇宙的秘密钥匙》。”

“不对！”雷帕博士高声叫起来，从座位上跳出去。“那是错的！”

“肃静！”校长生气地说。

“我要离开！”雷帕博士极为愤怒地说。他怒气冲冲地走出大厅，但当他走了一半，到达中心通道时，看到埃里克站在后面。埃里克对他稍稍招了一下手，微笑着拍拍 Cosmos。Cosmos 正被埃里克抱在手中。雷帕一下垮了下来，偷偷地溜回前面自己的座位，再次安静地坐下。

“你们瞧，”乔治继续说，“我的运气真好。我找到了一个为我开启宇宙的秘密钥匙。因为这把钥匙，我已经能够发现有关围绕我们的宇宙的所有东西。因此我愿意和你们分享我知道的那部分。因为它都是关于我们从什么地方来——我们，我们的行星，我们的太阳系，我们的星系，我们的宇宙是由什么东西构成的——以及我们的未来。我们向何处去？为了要在未来的世世代代里生存，我们需要采取什么行动？”

“因为科学实在太重要了，所以我要告诉你们有关科学的东西。没有它，我们不能理解任何东西，这样的话，我们怎能搞清楚任何一个问题？或者怎么能做出正确的决策？有些人认为科学是枯燥的，有些人认为它是危险的——而如果我们不对科学感兴趣，学习科学，恰当地利用科学，那么也许他们是对的。但是如果你努力理解科学，则科学是激动人心的，而且这关系到我们和我们行星的未来。”

现在每个人都在聆听乔治的讲话。当他停顿时，会场上鸦雀无声。

他又重新开始了：“几十亿年以前，在太空中漫游着气体和灰尘的云。这些云起初蔓延得很广，并且非常分散，但是在漫长的年代里，引力起了作用，它们开始收缩并变得越来越紧密……”

地　球

- 地球是离开太阳第三近的行星。
- 离开太阳的平均距离:9 300 万英里(14 960 万千米)

70.8%的地球表面为液态水覆盖，而其余部分被分成七大洲。它们是：亚洲（29.5%的地球的地表面），非洲（20.5%），北美洲（16.5%），南美洲（12%），南极洲（9%），欧洲（7%）和澳洲（5%）。这种洲的定义主要是文化上的，比如说，并没有汪洋大海把亚洲和欧洲隔开。从地理上来说，被水隔开的只有四大洲：欧亚—非洲（57%的地表面），美洲（28.5%），南极洲（9%）和澳洲（5%）。余下的0.5%由岛屿组成，大多数散落在中南太平洋的大洋洲。

- 地球上的一天被分成 24 小时,但事实上地球花费 23 小时 56 分 4 秒自转一周。这里有 3 分 56 秒的差异。这个差异在一年内的总数相应于地球在其轨道上公转时自转了一周。

- 一地球年是地球围绕太阳旋转完一周所花费的时间。它可能会随时间发生非常微小的变化,但总是保持在365.25 天左右。

- 迄今为止,地球是宇宙中已知的唯一可庇护生命的行星。

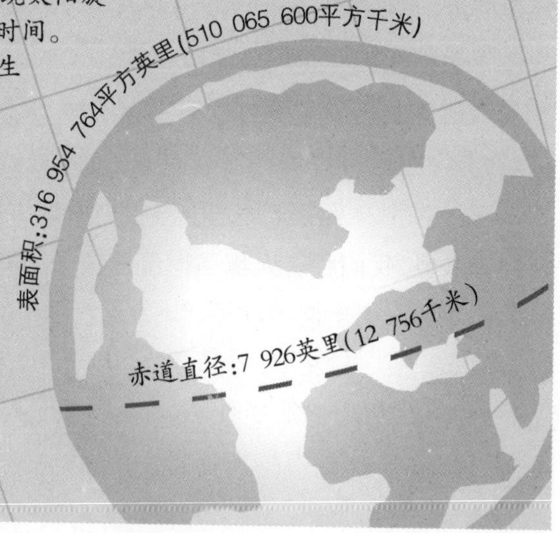

第三十二章

“那有什么稀罕，你或许会这样想，”乔治继续说，“一朵尘埃云和任何东西有什么相干？我们为什么要在乎，或者需要知道几十亿年前在太空发生过什么呢？它要紧吗？呃，是的，它很要紧。因为尘埃云正是我们今天在此的原因。”

“现在我们知道，恒星是由太空的巨大的气体云形成的。这些恒星中的一些由于形成黑洞而结束了它们的生命。这些黑洞缓慢地、非常缓慢地让东西逃逸，直到它在最后一次巨大的爆炸中消失殆尽。”

“其他恒星在成为黑洞之前爆炸，而且把它们之中所有的物质都送到太空中去。我们知道，构成我们的所有元素都是由这些恒星的肚子里创生的，这些恒星在很久以前爆炸。地球上所有的人、动物、行星、岩石、空气以及海洋都是由恒星之中熔炼的元素组成的。不管我们会怎么想，我们所有人都是恒星的孩子。自然用了亿万年从这些元素中将我们制造出来。”

乔治停顿了一下。

“那么，你们瞧，要花不可思议的长久的时间制造我们和我们的行星，而且我们的行星不像太阳系中的任何其他行星。太阳系中存在更大的和令人难忘的行星，但是它们不是你们认为可以当做住家的

地方。例如，金星非常热。或者水星，那里的一天相当我们地球的五十九天那么长。试想一下，如果学校的一天延续为五十九天！那会多么可怕。”

乔治停顿了一下，再继续讲。在他描述太阳系中的某些奇观时，整个大厅的人都仔细地听着他说的每个字。最终，他讲到结尾部分了，他认为这也许是最重要的部分。

“我们的行星是令人惊奇的，它是我们的，”他总结道，“我们属于它——我们所有的人和行星本身一样都是由同样的物质构成的。我们的确应该爱护它。我爸爸这几年来一直这么说，但是我一直为他感到难为情。我能看到的一切只是他和其他父母多么不同。现在我不那么觉得了——他说，我们必须停止糟蹋地球，他是正确的。他说我们所有的人都能做得更努力一些，哪怕只有一点点，他也是对的。现在我为他一直要求保护地球——这么唯一的而且这么美丽的东西——而感到自豪。但是我们大家都要齐心协力，否则无效，而我们可爱的行星将会被毁灭。”

“当然，我们也能尽力地寻求可供我们生活的其他行星，但这不是一件容易的事。我们知道没有一个邻近地球的行星是这样的。因为如果存在另一颗地球——而且也许存在——那也是非常非常遥远。努力在宇宙的远方发现新的行星和新的世界是激动人心的，但那不意味着家不再是你仍然要返回的地方。我们必须保证在一百年的时间里，地球上的生存条件仍然能够让我们返回。”

“也许你们觉得惊讶，我如何得知这一切。呃，我想对你们讲的另外一件事是，你们不必像我那样，不需要去寻找一把实在的秘密钥匙，去开启宇宙并帮助拯救地球。有一把人人都能使用的钥匙，只要人们学会怎么使用。这个钥匙叫做物理。那就是理解围绕着你的宇宙所需要的。谢谢！”

所有人都站起来对着乔治热烈欢呼，大厅里响起雷鸣般的掌声。校长擦拭着眼泪，跳上舞台，拍拍乔治的背说道，“讲得好，乔治！讲得好！”他很有力地握着乔治的手，上下摇动。乔治脸红了。掌声弄得他很难为情，他希望掌声停下。

在观众席上，雷帕博士看起来像在哭，但那不像校长是出于自豪和快乐而流泪，而是为完全不同的原因而哭。“Cosmos!”他低声地发怒道，“就差那么一点了！我已经把你搞到手了！但现在他把你从我这儿偷走了！”

校长帮助乔治走下讲台，并和裁判们——除了雷帕博士之外的其他人——进行了非常简短的商议。雷帕博士弯着背，坐在那里低声自言自语，并对乔治投去恶毒的眼光。校长借来体育老师的哨子，高音调地猛吹了几下，大厅才安静下来。

“嗯！”他清清嗓子说道，“我谨宣布，经过裁判团几乎全票表决，今年校际科学演讲比赛的优胜者是乔治·格林比！”大厅里欢呼起来。“乔治，”校长继续说，“给我们做了美妙的演讲，我很高兴把一等奖颁发给他，这是一台真正令人惊奇的电脑，它是我们赞助者慷慨捐赠的。”裁判中的一位从桌子下拿出一个大硬纸板箱，把它交给乔治。

“谢谢你，先生，谢谢你！”乔治说道，他看起来很窘，一方面是他从未有过这样的经历，另一方面，是由于他收到的箱子的尺寸较大。他张开双臂紧抱着奖品，蹒跚地从中央通道向门口走去。他走过时，

所有的人都向他投以微笑——除了一组坐在最后一排的男孩，他们故意不鼓掌，抱着双臂坐在那里，盯着乔治。

“我们之间的事还没完，”当乔治走过林戈时，林戈发出嘘声。

乔治不理睬他，快步走到埃里克、安妮和苏珊跟前。

“你成功了，乔治！我真为你骄傲。”埃里克说，试图隔着巨大的纸箱拥抱乔治。

“乔治！你好棒呀！”安妮有点害羞地说，“我从来没想到你在舞台上发挥得这么好。你的科学知识也是令人吃惊的。”

“我都讲对了吗？”乔治有点担心地问她，此时埃里克把大纸箱从他手里拿走，“我是说，当我说‘几十亿’时，我是否应该说成‘几千万’了？而当我说木星时，我想也许我该说……”

“没有！”安妮说，“你讲的一切都正确，对吧，爸爸？”

埃里克点点头，并对乔治笑道：“特别是最后那部分。你讲得非常非常正确。而且你还赢了头奖。你一定十分快乐。”

“是的，”乔治说，“但我只有一个问题。当我带着一台电脑回家时，我父母会说什么？他们将会挺生气的。”

“或许他们会感到挺骄傲的，”一个声音说道。

乔治看着周围，见到他爸爸就站在苏珊的身旁。乔治惊讶得下巴都合不上了，“爸爸？”他说，“你刚才在这里？你听到我有关科学的演讲了吗？”

“我听到了，” 他爸爸说，“你母亲要我来学校接你——今天早晨，她很担心你——而我到这里时刚好来得及听你演讲。我非常高兴我听到了，乔治。你是对的，我们不应该害怕科学。我们应该利用它来帮助我们拯救这颗行星，而不应该无视它。”

“这是不是说，我可以保留我的电脑？”乔治尖声地问。

乔治爸爸微笑地说：“呃，我想它是你应得的。请记住，每周只能用一小时，否则我们自己制造的发电机无法维持。”

忽然，在他们身后激起了一阵骚动，雷帕博士急急忙忙地闯过人群，把他们这群人粗鲁地向旁边推挤过去。林戈和他的同伙跟在他后面，他们全都显得怒气冲冲。

乔治看到他们离开，向埃里克问道：“你不打算对格雷帕采取一些行动？比如惩罚他？”

“呃，不，” 埃里克悲伤地说，“我以为格雷帕已经自作自受得够了。最好不要理睬他。我怀疑我们的道路将来还会再次交叉。”

“但是……但是……”乔治说，“埃里克，我要问你——格雷帕怎么知道去哪里找你？我的意思是，你可以去世界上任何地方，但他在这里等你，而他等对了。他怎么知道？”

“噢，你隔壁的房子，”埃里克说，“是属于我的老导师的，就是那个照片中留着长胡子的人。”

“但他消失了！”乔治说。

“他只是在某种程度上消失了，”埃里克回答，“前一段时间，我收到他的一封信，他说他准备外出，进行一次很远很远的大旅行，而且他不知道是否或何时能回来。他告诉我，万一我需要在某处用

Cosmos 作研究，我可以用他的房子。他不能想象格雷帕这么多年来一直潜伏着，准备对我下手。"

"这位老人去了哪里？"乔治问。

"他去了……"埃里克开始说道。

"回家喝茶，好吗？"苏珊非常决断地说，"我可以搭你走吗？"她问乔治爸爸。

"哦，不了，"他说，"我有自行车。靠着车把手，我真的能够保持电脑平衡到家。"

第三十二章

“爸爸！”乔治喘着气说，“答应她好吗？电脑会掉下来的。”

“我不介意把乔治送回家，”苏珊说，“也许有点挤，但令人吃惊的是，你们居然能塞进一辆微型汽车里。”

当天晚上，回到乔治家之后，埃里克、苏珊和安妮都留下来吃一顿美味的晚餐，菜肴都是用乔治自家种的蔬菜做的。大家在厨房里吃，桌子上点着蜡烛。埃里克和乔治的爸爸交谈了很长时间，谈得非常开心专注。他们讨论着去寻找一颗新的行星或者拯救地球哪个更重要，此时苏珊帮助乔治安装他那闪闪发光的新电脑。

安妮到花园去喂弗雷迪，它在猪圈里显得很孤单。在和猪交谈之后，她就整晚围着乔治妈妈跳舞。她向乔治妈妈展示她所有的芭蕾舞步，还告诉她许多夸张的故事，乔治妈妈假装相信。

在他们的交谈中，生态卫士对科学家做出了很多允诺，并约定一块去观赏《胡桃夹子》。回到家后，乔治上楼进入自己的房间。他已经非常累了。他穿上睡衣，但没有拉上窗帘，躺在羽绒被下，观看着窗外。

这是一个清澈的夜晚。天空布满灿烂闪烁的星星。正当他观看时，一颗流星穿过黑暗，长长的发光的尾巴熊熊地燃烧着，几秒钟以后，就化为乌有了。

在沉入梦乡时，乔治沉思着，流星也许是一片彗星的尾巴吧。当彗星通过太阳，它变热，上面的冰开始融化……

致　谢

我十分感谢支持《乔治的宇宙·秘密钥匙》一书工作的诸位。Janklow和Nesbit的Tif Loehnis与他在英国Janklow的团队在整个过程中都干得好极了。美国Janklow和Nesbit的Eric Simonoff指导我真实星球的知识。在剑桥，克里斯托弗·加尔法德（Christophe Galfard）对于科幻小说的情节、意境和细节做出了很大的贡献。剑桥大学应用数学与理论物理学（DAMTP）的Judith Croasdell耐心地、有效地、亲切地把我们组织起来并提出宝贵的劝诫，理应得到特别感谢的还有：Joan Godwin的不倦的慷慨支持，Sam Blackburn对音频版的技术支持和工作，还有我父亲身边的令人赞叹的护理团队，他们的奉献、爱和好心情全都融注在他们的工作中。

在兰登出版社（Random House），我要感谢Philippa Dickinson，Larry Finlay和Annie Eaton，他们以如此的积极性和热情承担《乔治的宇宙·秘密钥匙》一书的工作。Shannon Park和Sue Cook在出版方案上做了非常高明的处理。加里·帕森斯（Garry Parsons）的妙趣横生的插图增添了故事的生气。我十分感谢James Fraser设计了如此吸引眼球的漂亮的封面，十分感谢Sophie Nelson和Julia Bruce对书稿通篇做了编辑和校对，十分感激Markus Poessel做了科学论据校核，十分感激Clare Hall-Craggs和Nina Douglas，Barry O'Donovan，Gavin Hilzbrich，Dan Edwards，Bronwen Bennie，Catherine Tomlinson，Juliette Clark和Maeve Banham他们所有人的努力的工作、鼓励和良好的祝愿。

我仍然要深深感谢我的妈妈和Jonathan，感谢他们所做的每一件事、他们的不断帮助和永无止境的支持。但是，我尤其要感谢我的从事宇宙学研究的爸爸，这是一次如此超乎寻常的冒险。多谢您给我同您一起工作的机会，它改变了我的“宇宙”。

露西·霍金

原书名/George's Secret Key to the Universe

图书在版编目（CIP）数据

乔治的宇宙. 秘密钥匙 /（英）霍金（Hawking, S.）著；杜欣欣译. —长沙：湖南科学技术出版社，2010.5（2018.3重印）

ISBN 978-7-5357-6196-5

Ⅰ. ①乔… Ⅱ. ①霍… ②杜… Ⅲ. ①宇宙—青少年读物 Ⅳ. ①P159-49

中国版本图书馆CIP数据核字（2010）第071913号

乔治的宇宙 秘密钥匙

著　　者：史蒂芬·霍金·露西·霍金　克里斯托弗·加尔法德
插　　图：加里·帕森斯
译　　者：杜欣欣
责任编辑：孙桂均　李　媛
出版发行：湖南科学技术出版社
社　　址：长沙市湘雅路 276 号
http://www.hnstp.com
邮购联系：本社直销科　0731-84375808
印　　刷：长沙超峰印刷有限公司
（印装质量问题请直接与本厂联系）
厂　　址：宁乡市金洲新区泉洲北路 100 号
邮　　编：410600
版　　次：2010 年 5 月第 1 版
印　　次：2018 年 3 月第 8 次印刷
开　　本：700mm × 960mm　1/16
印　　张：14.5
插　　页：16
字　　数：175000
书　　号：ISBN 978-7-5357-6196-5
定　　价：38.00 元